定制家居

终端设计师

手册

郭琼　宋杰　主编

Handbook
for
the Terminal Designer
of
Home Furnishing Customization

化学工业出版社

·北京·

本书系统提出了定制家居终端设计师的职业定位及其专业知识能力要求，对相关从业者的工作内容和职责做了清晰的界定，将基本设计技能、材料、加工工艺、服务设计等内容融合在一起，既有基础专业知识，又有行业前沿信息，对相关从业人员的学习、成长具有重要参考价值。

本书大部分内容均基于作者多年来积累的相关专业知识和实践，同时也立足于定制家居/家具行业自身的发展，深入融合了行业内优秀企业的经验和案例。各个章节之间相对独立，因此读者可以不按目录顺序阅读，完全可以根据自己的兴趣和专业基础随机学习。本书不仅适合已经从业的终端设计师学习，也适合行业内的各类专业人士和相关专业的学生使用，同时也适合更多希望了解定制家居相关领域知识的读者作为科普读物参考。

图书在版编目（CIP）数据

定制家居终端设计师手册/郭琼，宋杰主编. —北京：
化学工业出版社，2020.5
ISBN 978-7-122-36372-5

Ⅰ.①定…　Ⅱ.①郭…②宋…　Ⅲ.①住宅-室内装饰
设计-手册　Ⅳ.①TU241-62

中国版本图书馆CIP数据核字（2020）第035715号

责任编辑：王　斌　吕梦瑶　　　　　　　　　　装帧设计：王晓宇
责任校对：王素芹

出版发行：化学工业出版社（北京市东城区青年湖南街13号　邮政编码100011）
印　　装：北京宝隆世纪印刷有限公司
710mm×1000mm　1/16　印张17¾　字数328千字　2020年6月北京第1版第1次印刷

购书咨询：010-64518888　　　　　　　　　　售后服务：010-64518899
网　　址：http://www.cip.com.cn
凡购买本书，如有缺损质量问题，本社销售中心负责调换。

定　　价：99.00元

编写人员名单

总策划： 广东省定制家居协会

主　　编： 郭　琼　宋　杰
副 主 编： 张婷婷　林秋丽　欧荣贤
参编人员： 张丹翔　陈映芬　李湘华　郑逸豪　张佳琦　黄晓山　郭跃民
顾　　问： 杨文嘉　胡景初　王清文　张　挺　吴智慧　戴旭杰　刘晓红
　　　　　　李志强　曾　勇

鸣谢单位：（排名不分先后）

广东省定制家居协会　　　　　　　　　　索菲亚家居股份有限公司

华南农业大学广东省家具工程技术中心　　广东省皮阿诺科学艺术家居有限公司

广东衣柜行业协会　　　　　　　　　　　广东玛格家居有限公司

中国林学会家具与集成家居分会　　　　　佛山市科凡智造家居用品有限公司

青岛市整装家居研究会　　　　　　　　　佛山维尚家具制造有限公司

百隆家具配件（上海）有限公司　　　　　广东卡诺亚家居有限公司

东莞市华立实业股份有限公司　　　　　　广东劳卡家具有限公司

杭州群核信息技术有限公司（酷家乐）　　北京富胜家居用品有限公司

金田豪迈木业机械有限公司　　　　　　　浙江夏王纸业有限公司

广州好莱客创意家居股份有限公司　　　　广州天之湘装饰材料有限公司

山东凯源木业有限公司

序一

定制家居产业在我国的发展历史并不长，但已成为我国家居产业的重要支柱，引领整个家居产业的发展，并在世界家居市场中占有一席之地。自20世纪90年代起，我国家居行业迅速发展，其中以欧派橱柜为代表的整体橱柜在我国一线城市兴起，并逐步向全国渗透发展。到90年代末，又出现了一批以入墙壁柜及移动门加工为主的定制衣柜企业雏形，索菲亚家居便是这个时期的重要代表。随着改革开放的进一步深化，人民群众经济收入和生活水平不断提高，生活方式和装修需求的改变，又进一步促成了定制家居行业的发展。21世纪初，随着百得胜、索菲亚等衣柜品牌的创立，整体衣柜行业在中国的发展拉开序幕。2004年，尚品宅配公司首次提出"宅配"的概念，开启探索全屋定制之路。2011年，索菲亚家居成功上市，开启定制家居上市新纪元。2015年，好莱客家居成功上市，两年后定制家居迎来上市潮，尚品宅配和欧派等数家家居公司集中上市，纷纷借助资本的东风，在品牌、设计、信息化、渠道建设、智能制造等方面快速开拓，将定制家居产业发展推向了新高潮。截至目前，我国定制家居行业已有11家上市企业，并涌现出一批龙头企业。2019年，阿里巴巴公司投资5亿元与三维家公司展开全面的战略合作，唤起人们对行业新发展的各种猜想。同年，广州市正式被联合国工业发展组织授予"全球定制之都"的荣誉称号，标志着以定制家居为主的中国定制走向了世界。

近两年受全球经济状况、中美贸易摩擦等因素的影响，国内经济增长暂时放缓，处于下行阶段，微观上来看整体家居制造行业也进入中速发展阶段，定制家居行业如何在该阶段继续保持好的发展态势成为业界关注的问题。另外，从整体来看定制家居行业发展，呈现出同质化、竞争激烈等问题，渠道和人口红利等效应也在减弱，如何提高品牌的市场占有率和竞争力已经成为很多企业急需解决的难题。解决这些问题会涉及很多内容，是一个系统工程，但行业自身的知识沉淀、更新和从业人才的培养等内容是作为来自院校的学者们必须聚焦和重点研究的。定制家居行业虽然自带互联网基因，拥有独特的互联网创新思维和对现代技术的应用能力，可以尝试通过诸如云计算、大数据、人工智能、物联网和移动互联网等新一代信息技术来改变原有的设计研发、生产和销售方式，但如何将相关技术恰当地融合到整个产业链条中均要具有一定技术能力的人员来实现，产业的发展需要带动相应的知识沉淀和更新，知识储备应作为行业最重要的战略资源受到业界广泛的关注。因此，我们需要有想法、有能力的学者们，能够不断地投入到实践中总结行业经验，形成知识储备和总结，再通过相应的教育通道反馈到产业中去，让知识进一步转化为生产力，促进产业发展，周而复始，形成良性循环。因此，为了行业的健康持续发展，我们可以把专业图书编写与出版作为其中的一项重要工作来做。

定制家居终端设计师，即通常所说的驻店设计师，是随着服务经济时代来临和定制家居行业发展而出现的一类特殊设计师，他们兼设计、导购等多项任务于一身，是站在市场端、代表企业为消费者提供服务的重要触点，他们的工作能力和服务质量对一个企业的经济效益和品牌影响力具有巨大影响。本书的编写者以华南农业大学家具专业的教师为主体，他们站在中国定制家居行业发展的前沿和主要阵地，对行业发展相对熟知，又有广东省定制家居协会的支持和协助，因此从定制家居终端设计师知识手册入手来编写这本行业科普读物，从理论和实际上都具有可行性和一定的社会效益。编写者们率先在行业内系统地提出定制家居终端设计师的职业定位及其应该具备的专业知识能力，对相关从业者的工作内容和职责做了清晰的界定，将基本设计技能、材料、加工工艺、服务设计等内容融合在一起，既有最基础的专业知识，又有最新的前沿信息，对相关从业人员的学习、成长具有重要参考价值，对引导行业的良性发展起到积极的推动作用。本书不仅适合已经从业的终端设计师学习，也适合行业内的各类专业人士和相关专业的学生使用，同时对普通消费者了解定制家居相关知识具有科普意义。

因为有了行业协会、从业人员和专业学者的共同努力，我们才能看到一本能够理论结合实践，同时可以深入浅出地将相关知识点呈现出来的著作。我们能够看出编者们特别用心地构筑了本书的知识结构和内容，能够体会到他们的初衷和感知到他们的努力。这本书承担了行业发展中的一些任务和责任，但作为最早一批出版的专业书未必尽如人意。因此，我希望家具、家居界的朋友们一起关心和支持这本书的出版发行，也希望更多的有识之士可以投入到定制家居领域其他书籍的编写中，为该类书籍的选题和内容出谋划策，为中国定制家居行业的发展而努力进取！

中国林学会家具与集成家居分会　会长
南京林业大学　教授，博士生导师
吴智慧
2020年1月于南京

序二

定制家居，最早诞生于20世纪90年代，是按照客户的个性化需求，为客户提供配套装修产品和服务，是传统家居做不到、装修公司做不好的新兴产品。当时的国内定制家居基本仅限于橱柜定制，且仅局部采取定制。21世纪的来临带来了定制家居各品牌如雨后春笋般的崛起。而近几年，我国定制家居市场已进入白热化阶段，整体增速呈放缓趋势，越来越多的企业纷纷加入抢占市场份额。这时，如何更好地顺应时代潮流，紧随4.0工业革命的步伐，提升数据化、智能化水平，更好地满足人民对美好生活的追求和向往，是定制家居行业面临的重要课题。

好雨知时节，当春乃发生。《定制家居终端设计师手册》一书播下了及时雨，为行业设计提供了理论性、实践性极强的实用教材和操作指南，可喜可贺！

《定制家居终端设计师手册》科学定位了定制家居行业的形成、发展和趋势，让我们了解和认识定制家居行业初始的过程，发展的历程，未来的前程，让我们从中了解到定制家居的鲜明特点及其不可替代的价值，相信其有着解决人们在新时代美好生活所需的巨大作用和光明的前景。

《定制家居终端设计师手册》明确界定了行业设计师的分类，提出由定制家居行业应运而生的独特的一类设计师——终端设计师。他们担任着设计、销售、量房等众多与消费者直接产生接触的角色，是将企业市场端与消费者间通过服务紧密连接的重要桥梁，正是这群人在对企业的品牌形象及经济效益影响发挥着举足轻重的作用。本书为终端设计师们，系统地提供了与其岗位相适应的基础知识、职业技能、服务意识和质量等方面的知识，称得上是行业终端设计师们的"百科全书"。行业内的人士都可将本书视作必读之作、必修之课，结合设计实践，精心学习、认真研究，切实掌握定制家居终端设计的基础知识、基本技能，从而大力增强职业职能，提高服务意识和质量，让更多美而适用的定制家居产品走入千家万户，让用户满意。同时，普通消费者也可将本书作为相关科普书来参考。

"书是人类进步的阶梯"，十分感谢《定制家居终端设计师手册》一书编写团队的辛勤付出。让我们乘新时代的美好时光，同心学习，携手奋斗，为中国定制家居行业的发展作出更大的贡献！

广东省定制家居协会　会长

索菲亚家居股份有限公司　副总裁

张挺

2020年2月于广州

前言

　　定制家居行业以自带互联网基因的优势，以颠覆性的创新能力成为传统产业转型升级的典范，其使用率和市场渗透率明显高于传统的成品家居行业。随着行业的发展，定制家居企业产品品类也在不断延伸，从原来的定制衣柜、书柜、橱柜等柜类产品延伸至沙发、床垫、餐桌椅等家居用品及配套产品，逐步具备全屋定制设计制造的能力，成为大家居和整装行业的入口。但近几年，我国定制家居市场整体增速呈放缓趋势，同时越来越多的企业纷纷加入抢占市场份额，试图瓜分定制家居市场的红利。如何在激烈的市场竞争中脱颖而出？如何让消费者更加青睐自己的产品？是所有企业都在思考的问题。在高度工业化的现代，产品高质量的保证是企业发展的基础，而与时俱进的新理念将是在众多企业中脱颖而出的法宝，故将"以用户为中心""用户体验"等新理念融入设计和营销中，以全新的面貌提供客户满意的消费体验想必是一个重要的解决方案。

　　在定制家居企业向顾客输出良好消费体验的过程中，终端设计师起着决定性的作用。终端设计师作为直接为客户提供设计服务和帮助的设计师，是将家居定制服务与客户串联起来并促进订单成交的关键点，在整个定制流程中扮演着重要的角色。同时终端设计师是定制家居行业发展的必然产物，其作为在定制家居销售终端以导购和设计为主的服务型设计师，见证着定制家居产业服务化的发展，是整个定制家居服务中很重要的一个触点，其服务能力与质量，对提高定制家居企业的美誉度和竞争力具有重要意义。

　　本书的策划方广东省定制家居行业协会和华南农业大学家具专业的教师们都深谙定制家居终端设计师在行业中的重要价值，都想为行业做一点有价值的事情，于是在2018年初研讨后达成共识：联手编写该图书，并在书中系统地提出定制家居终端设计师的职业定位及其应该具备的专业知识能力要求。

　　本书正是在这样的背景下编写而成。全书共分成四篇，第1篇主题为"职业认知"，分为两章，分别是"职业定位"和"服务流程"。第1章首先大致介绍了定制家居行业的内涵、发展及趋势，然后重点介绍了定制家居行业设计师的类别、定制家居终端设计师的工作本质和服务内容及服务意识，目的是让从业者更清晰地认知该职业的内涵，更好地规划职业生涯。第2章重点介绍了定制家居终端设计的标准服务流程、相关服务节点的服务内容及服务技巧，并由此引申出痛点的概念、家居空间中常见的痛点及应对的措施等内容。该章节的核心思想是让所有从业者知道服务经济时代已来，"顾客就是上帝"不再是虚谈，时代需要设计师们能更认真地面对和解决消费者的需求，才能带来后续的消费和良好的口碑。终端设计师需要清楚地知道自身职业的内涵、特殊性及所肩负的使命，掌握一定的技能并履行相应的职责，才能在自己的岗位上创造更大价值。

本书第2篇主题为"基础知识"，分为"常见风格"和"常用材料"两章，主要介绍终端设计师需要掌握的专业基础知识。在"常见风格"章节，重点介绍了目前行业内流行的九种风格，站在行业角度介绍每种风格的基本内涵和特点。了解每一种家居风格的特点是设计师的基本功，但并不提倡设计师们唯风格论，我们主张设计师们能够站在客户需求的角度，不断地通过设计训练来巩固和熟知每一种风格，做到活学活用。在"常用材料"章节，较为详细地介绍了构成定制家具的常用材料，从柜体材料、五金配件、装饰线条、其他型材到基础的智能组件，均有所涉及。材料是构建美好家居的必要条件，需要每一个设计师能够针对客户的实际要求，选择适合的材料，因此在材料章节中，我们尽可能清晰地列出每种材料的定义、特点和用途，便于设计师们查阅和学习。对入门级的设计师及相关人员而言，本部分内容是基础，对有一定经验的设计师而言，本章节亦是一个巩固和补充。

本书第3篇主题为"基本技能"，分为"设计草图"和"设计软件"两章，主要介绍终端设计师需要掌握的日常工具，是其实现设计思想转化和完成设计服务工作的必备工具。在"设计草图"章节中，我们首先提出快速手绘表达对于终端设计师的重要作用，然后系统地介绍了常用设计草图的内容及基本的图纸绘制过程，并附以相关的参考案例。在"设计软件"章节，我们重点论述了设计软件的常见设计流程和目前行业内较为流行的设计平台及软件，诸如圆方、三维家、酷家乐平台等，然后以酷家乐设计平台为案例，详细介绍了软件的操作方法和流程等。本部分的核心思想在于三点：一是终端设计师们需要具备基本的手绘草图能力，才能在短时间内与客户建立良好的信任关系，更有利于提高签单率和服务水平；二是终端设计师需要具备一定的绘图软件操作能力，才能给客户提供一套优秀的设计方案，进而提高设计效率和表现力；三是对于多数定制家居终端设计师而言，掌握本部分的技能并不复杂，但也需要结合本行业的特色，反复地进行实操训练，让技术变得更加高效、纯熟，甚至于卓越。

本书第4篇主题为"专业提升"，分成两章，分别是"工艺技术"和"人体工程学"。在"工艺技术"章节中，重点介绍了定制家居行业中正在实施的智能制造技术，目的是增加终端设计师在产品制造端的知识储备，使其有更多工业化的思维，进而让设计方案更适合现代加工技术的要求。在"人体工程学"章节中，重点介绍了人体工程学的内涵、作用、影响因素及在家居空间中的具体应用。本部分内容主要为提升终端设计师的综合能力而设置，属于拔高知识结构的章节，对于想成为更优秀的定制家居终端设计师而言，这些基本的工艺技术和人体工程学常识是必需的知识储备。

本书大部分内容均基于作者们多年来积累的相关专业知识和实践，同时也立足于定制家居/家具专业自身的发展，深入融合了行业内优秀企业的经验和案例，目的不仅是科普相关专业知识，也是弥补和完善该领域知识结构的基础教材。本书各个章节之间相对独立，因此读者可以不按目录顺序阅读，完全可以根据自己的兴趣和专业基础随机学习。本书仅作为抛砖引玉之用，以期丰富定制家居行业内终端设计师的知识储备，拓展设计思路和视野，希望有识之士能在此基础上创作更多优秀著作。

尽管作者们已经尽力确保本书的准确性，但国内定制家居行业发展迅速，大家的时间和能力水平又有限，书中难免有诸多不足之处，敬请各位专家、同仁和读者们批评指正。如果您需要指出书中的错误或需要额外支持，请发邮件到该邮箱：157630392@qq.com。

郭琼

2020年1月于羊城

目录

第 1 篇

职业认知

001

第**2**篇
基础知识

第**3**篇

基本技能

139 ————————

第 4 篇　专业提升

213

第 **1** 篇
职业认知

定制家居终端设计师手册

Handbook
for
the Terminal Designer
of
Home Furnishing Customization

第 1 章

职业定位

　　终端设计师是随着定制家居行业的发展而出现的一类兼具导购和设计能力的服务型设计师，是全面适应服务经济时代的新型设计师，其综合能力对企业发展至关重要。这类设计师首先要清楚行业特色和发展情况，并对自己的职业内涵有清晰的认知，具备足够好的服务心态。终端设计除了需要掌握基本的造型、色彩、材料、结构、施工工艺等专业知识外，还需要对公司品牌文化有深刻的理解，具备足够的文化素养、良好的沟通和销售能力，这样才能顺利完成从接待客户到设计方案，再到售后服务的全流程。

1.1 定制家居行业概述

1.1.1 形成

20世纪80年代末，定制整体橱柜经由中国香港传入广东、浙江、上海、北京等地，并逐步向全国渗透发展。同期，国家建设部也提出了民用厨房整体化的研究等相关课题，进一步推动了行业的发展。国家相关部门的大力倡导、房地产市场和民间装修热潮的发展等因素是促成定制家具产业形成、发展的主要力量。

20世纪90年代，定制衣柜出现。1993年，西克曼橱柜公司在深圳成立，1994年，欧派厨柜公司在广州成立，自此定制行业兴起，欧洲"整体厨房"概念被引入中国。随着改革开放的深化，人民群众经济收入和生活水平的提高，以及生活方式和装修需求的改变，到90年代末又出现了一批以入墙壁柜及移动门加工为主的衣柜定制企业，如今发展壮大的索菲亚、卡诺亚等企业都是这个时期的代表。

21世纪之后，随着中国城市化进程的不断深入，消费者对家具的空间布局、功能性、审美风格等个性化需求提高，环保观念不断普及，成品家具和打制家具开始无法满足市场的需求。2001年开始，国内一部分具有敏锐触觉和市场远见的企业家开始学习、吸收和借鉴在欧美、日本等地流行的定制家具理念，结合手工打制、成品家具、装修设计等各自的特点和优势，创立了最早的一批衣柜品牌。2001年，百得胜在广州成立，成为中国首家定制衣柜企业；2003年，索菲亚在广州成立，把SOGAL壁柜移门引入中国，拉开了定制衣柜在中国发展的序幕；2004年，尚品宅配在广州成立，首次提出"宅配"概念，开启探索全屋定制之路；2011年，索菲亚成功上市A股，登陆深交所，开启定制家居上市新纪元（图1-1）；同年，第一届中国（广州）衣柜博览会成功举办，打造了中国乃至世界的第一个定制衣柜行业交流与展示的平台；2013年，广东衣柜行业协会成立；2015年，好莱客成功上市A股，登陆上交所，成为定制家居行业A股主板上市企业；2017年，尚品宅配在深交所上市，作为定制家居行业的代表

图1-1　第一家成功上市的定制家居公司（图片来源：索菲亚家居）

品牌，其以卓越的互联网基因为定制家居产业的发展带来新的可能；随后，欧派家居成功上市，作为中国第一大整体橱柜制造商，进一步夯实了中国定制家居产业后续发展的基础。

2016年，广东省定制家居协会正式成立（图1-2）。同年，第六届衣柜展升级为中国定制家居展，以"定制元年"为主题宣告行业全面进入定制家居大时代，衣柜业从单纯的衣柜定制延伸至全屋定制方向。从此以后，中国定制家居行业开始走向全面、快速的发展时期。

图1-2　广东省定制家居协会成立（图片来源：广东省定制家居协会）

2019年，定制家居行业依旧保持良好的发展态势，引领整个家居产业的发展。其中阿里巴巴投资5亿元展开旗下家居家装平台"躺平"与三维家旗下整装供应链平台"至爱智家"的全面战略合作，同时打造线下样板旗舰店"桔至生活"，让人们看到了定制家居产业发展的新的可能性（图1-3）。

图1-3　阿里投资三维家并合作打造线下实体店（图片来源：三维家）

1.1.2　发展

近几年，我国定制家具市场已进入白热化阶段，整体增速呈放缓趋势，越来越多的企业纷纷加入抢占市场份额，各品类之间的横向跨界、产业链条之间的上下跨界、新商业模式与新思维结合的进入，都试图瓜分定制家居市场的红利。

定制家具企业产品品类也在不断延伸，从原来的定制衣柜、书柜、橱柜等柜类产品延伸至沙发、床垫、餐桌椅等家居用品及配套家具，逐步具备全屋设计、全屋定制的能力，并逐渐成为大家居和整装的入口。

目前，中国定制家具在家具行业市场份额仅占20%，但使用率和市场渗透率明显高于成品家具，中国定制家具行业正处于上升阶段，具有巨大的开发空间（图1-4）。其中，橱柜的市场渗透率最高（约为56%），木门居次（约为30%），最后是定制衣柜（约为28%），但参考国外定制橱柜的渗透率（80%）依旧具备提升空间。

截至2019年，我国定制家居行业已有11家核心上市企业（图1-5），并涌现出一批具有地方区域特色的龙头企业，如索菲亚、欧派、尚品宅配、好莱客、皮阿诺等，而且不断有定制品牌步入排队上市和准备上市的行列，如科凡、诗尼曼、卡诺亚、玛格等。其中欧派的产值已经超过100亿元，成为定制家居行业的领跑者。

定制家居在材料选择方面目前还是以木质材料为主，我国木材总量的10%～15%由家居产业消耗，在整个家居市场中，木制家居的产值高达60%～70%。木制品发展的过程中逐渐形成了以整木家居为主的新型家居模式，家居制造商的环保意识也逐渐加强，为企业向工业化和信息化转型奠定了良好基础。近两年，随着轻奢风格的流行，定制

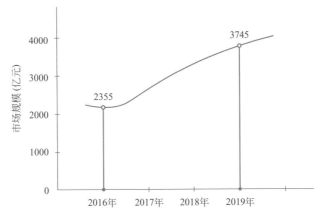

图1-4　定制家居市场规模（数据来源：广证恒生证券研究所和wind资讯）

图1-5　11家定制家居类核心上市企业

家居在材料选择方面变得更加丰富多彩，金属、石材、皮革等材料与木质材料混搭在一起成为一种风尚。

1.1.3 趋势

十几年来，定制家居行业逐步形成了完整的工业体系，产品基本能满足人民生活需要。伴随着新型城镇化建设、消费市场的不断扩大深化、新的家居理念的不断形成，未来定制家具的发展方向会更加复杂多变，从当前的发展状况可以看出的趋势主要有以下几点。

（1）构建定制家居产业链协同发展平台

近几年，我国受经济新常态的影响，整个家居行业和家居产业链都在发生着变化。传统家居行业下滑，部分企业甚至面临倒闭的风险，但定制家居行业仍在不断崛起。在家居定制化的时代，家居产业要想实现成功转型就需要有新的发展理念和思路，而定制家居及家居产业链的协同发展就是企业发展的核心，是获得长远发展的唯一途径。

在整个家居产业链中，要想满足客户的个性化需求就需要不断升级生产设备和技术，并且要有互联网创新思维，利用现代科技手段为企业发展指明方向。在对信息化软件充分利用的基础上，构建家居产业链协同发展平台，使产业链中企业的紧密度提高，确保信息交换和规范，在提高产品质量的同时降低成本。定制家居行业中的部分企业才刚刚起步，产业链的协同发展还需根据企业的实际情况实施，可以选择从易到难的分步走模式。

（2）与信息技术和先进制造技术的结合更加紧密，数字化工厂成为现实

21世纪是一个互联网的时代，新时代消费者的要求更多的是时尚个性、性价比高、快速便利等，如何通过云计算、大数据、人工智能、物联网和移动互联网等新一代信息技术来改变原有产品研发及生产方式显得尤为重要。定制家居的发展刚好顺应了这样的时代潮流，将研发、设计、采购、加工、配送、营销等各环节与互联网更加紧密地结合，使得生产方式更加定制化、柔性化、绿色化和网络化，这必将成为定制企业重要的发展方向。

如今，国内外都非常关注"工业4.0"的概念。这是由德国政府确定的十大未来项目之一，旨在支持工业领域新一代革命性技术的研发与创新。项目主要分为两大主题：一是"智能工厂"，重点研究智能化生产系统及过程和网络化分布式生产设施的实现；二是"智能生产"，主要涉及整个企业的生产物流管理、人机互动以及3D技术在工业生产过程中的应用等（图1-6）。这一概念在定制家居行业的主要切入口便是定制家具企业，未来这类企业将成为定制家具行业的主导形式和发展方向。

"工业4.0"就是第四次工业革命，其核心是智能制造，其三大主题是智能工厂、智能生产、智能物流。"工业4.0"强调充分利用物联网信息系统，将生产中的供应、制造、销售等信息进行数据化、智能化，从而提高企业生产效率，实现转型升级。其中定制家居行业中最有特色的O2O电商体验展厅也属于"工业4.0"的三大核心部分之一——"智能物流"综合体。它通过互联网与物联网整合物流资源和售后服务资源来提高工作效率，让消费者得到实惠。

在"工业4.0"的概念里所涉及的并非是一条生产线、一个工厂，它正同时涉及人、机器设备、商品、物流互联等概念和领域，乃至延伸到整个社会层面，所以对企业提出了极大的挑战。在这个生态圈中的任何一个物体或人，能够随时随地建立跟另一个对象的通信和互动，所有的技术和产品都呈现立体化的集成和交互。虽然"工业4.0"是一个庞大的系统工程，并非一朝一夕可以完成的。但在未来，强劲的"工业4.0"完全有可能帮助民族品牌在较短的时间内超越国际品牌，打造多个中国定制家居的航母级企业。

图1-6 "工业4.0"工厂和机器人技术（图片来源：金田豪迈、索菲亚）

（3）引入大数据管理，实现生产端和销售端的即时无缝链接

定制家居企业通过引入大数据管理，设计ERP（企业资源规划）软件对传统的PMC（生产及物料控制）生产计划进行精简和创新，将企业的人力资源、采购、机器设备、生产、质检、包装、财务、物料、终端、服务等整合在一个物联网的大平台上。

通过智能流水线和柔性生产线，这些企业完成了成品家具企业难以想象的资源整合与生产高度协作。

将大数据管理运用到定制家居行业，即实现全流程信息化的生产系统，把生产线从前端一直延伸到终端店面，改变了以往生产和销售各自为政的局面，一举解决了制约行业发展壮大的产能瓶颈这一大难题，调动了多个部门高度协作，甚至横贯整个定制家居产业链。通过ERP软件，企业实现了跨部门的参与、合作和实时互动，防止并有效处理呆料和积压，构建以生产、销售与物流一体化为核心的PMC系统。

通过大数据信息化的手段降低内部的成本并提高效率，再造企业和消费者的关系。自从中国定制家居代表品牌导入大数据管理之后，一改传统制造业高能耗、高浪费、高成本、低效率的缺点，生产经营全程智能化、自动化和信息化。利用大数据进行分析带来仓储、配送、销售效率的大幅提升和成本的大幅下降，从而最大限度地让利消费者。其次，从规模化生产变成定制化生产。厂家利用大数据信息技术改造生产设备、提高设计能力、优化生产过程、改进管理模式，建立企业大规模定制生产系统解决大规模与个性化的矛盾，最大限度地满足用户的个性化需求，实现了"用户需要什么，厂家就设计什么、生产什么"的个性化服务。有实力的中国定制家居企业纷纷引入物联网，实现人、物、机器的即时链接和高效管理。中国定制家居市场规模不断扩大，在业务不断发展的过程中也必然会借物联网手段实现产品的智能管理，将物联网的解决方案引入定制家居的生产全过程，并借此实现单品的全过程智能管理。

（4）导入物联网管理，实现产品全生命周期管理及全程可追溯

将物联网技术引入到整个产品制造过程中，以实现单品级的产品全生命周期管理，全程可追溯。从一开始就对整个企业业务流程进行分析与改造，并对产品跟踪管理系统的技术审核架构进行设计和规划，其中包括数据库、服务器、存储等解决方案、对于物联网技术的审核等，同时还包括与现有的ERP、仓储及物流管理系统的无缝整合。

物联网解决方案是覆盖软硬件及服务的全面解决方案，其功能主要包括以下几方面：强大的服务实施与系统集成能力；部署产品跟踪管理系统并与现有ERP系统相融合；通过物联网/条码/RFID（射频识别技术）落实产品单品级的身份识别；通过手持式数据终端结合无线网络等方式代替原有的人工识别、核对和记录方式；通过贯穿于产品所有业务环节的业务执行和管理系统，帮助用户实现业务发布信息化、业务执行电子化和数据采集传输实时化；实现单品级的产品全生命周期管理、全程可溯。

在一些企业，大数据管理还被赋予更具有实际意义的功能，即将设计软件无缝对接到拥有海量空间效果图的大数据共享平台，平台上面的产品库、空间库、方案库可直接下载到设计软件里面。利用平台上面的各种资源可充分节省画图设计的时间，也可以极大地提高设计师为消费者设计一套空间效果图的效率。

（5）健康环保将成为定制家居企业可持续发展的关键

现在人们越来越重视环保，在家居业更是如此，如近年来遭到热议的"甲醛问题"，

以及家居业屡见不鲜的家具质量问题。由于消费者在挑选定制家具时更注重用材的环保性能，所以家具企业将环保理念植入自己的产品之中，以引起消费者的共鸣。同时，生产环保家具还可以树立品牌形象，这是家具企业打造百年品牌的关键。

当环保家居理念深入消费者的心中时，环保产品必然成为未来发展的趋势。尤其是在定制家居行业，环保更是消费者的普遍要求，这是因为定制家居行业在满足消费者的要求方面比大规模成品制造行业更高也更彻底。定制家居行业在很多方面都会体现消费者高标准的环保要求，这是未来家居发展的新趋势，也是日益激烈的定制家居行业未来发展的必然趋势。

（6）定制家居将推动整个家具行业的发展，市场潜力巨大

定制家居的生产模式、管理方式、设计技术等方面在行业内具有先进性，必将影响和引领整个家具行业的发展，成为被行业竞相追随的热点（图1-7）。

① 很多定制家居企业引进了国内外较先进的生产设备和管理技术，大大提高了产能和效益，对整个行业具有示范作用。

② 人才是行业发展的核心要素。随着家具产业往定制化方向发展，原有的员工多数很难驾驭这些先进设备、管理技术和设计研发技术，提高从业人员的素质势在必行，以此对整个家具行业的人才提升产生重要影响，尤其是设计创意领域的专业人才。

图1-7　人潮涌动的定制家居行业展览会（图片来源：广东省定制家居协会）

③ 在定制化的路上，规模化、标准化的生产方式不但促进整体定制家具行业的发展，同时还可以塑造出若干个优势品牌，品牌的集中度将更加明显。这些品牌企业会主导整个家具市场的发展，而产能落后的作坊式小厂家将会在这场竞争中逐渐被淘汰，从而推动全家具行业的变革和向前发展。

（7）集成家居发展趋势突显，"大家居"概念更加深化

在目前的市面上，不管是"全屋定制"还是"整体定制"，又或者"定制家"，其实都是"大家居"的别称，大家居对于定制行业而言将成为大势所趋。主要原因一方面是消费者对于一站式定制消费的需求使然，另一方面是定制品牌"单值"最大化的竞争策略使然。

定制家居作为家装的核心组成部分可联动产业链上下游，提供一站式拎包入住的空间解决方案，推动大家居和整装模式的发展。未来，与整体家居相关的各行业的强强联合将更紧密，组成完整的整体家装体系；"全屋定制一体化"将执行得更深入，定制家具、成品家具、电器、软装饰品与家装建材等有机协调成一体的趋势逐渐增强。定制一体化并不仅仅停留在最基本的物的组合的层面，各类物品相互之间的影响和交融会更深入，随着整个家居系统的不断升级、完善，定制家具将向人性化、智能化、网络化等方向发展。同时，随着人们居家生活哲学和生活方式的改变，定制家具除了强调造型和功能性外，其内涵将更加丰富或发生转变，集成的家居系统将是人们所有生活理想的承载体（图1-8）。如传统家居向开放式享受型转变，即不再是传统的形式，而是一个集烹饪、娱乐、休闲、聚会、学习交流于一体的多功能的生活空间。此时，客户在选择定制家居产品时就不仅仅是为了简单的烹饪和储藏，更多的是为了体验和享受生活。

图1-8　集成各种功能的家居空间（图片来源：好莱客家居）

（8）更加注重设计研发，设计及设计人才的作用提升

以客户为中心始终是定制家居存在的意义和企业是否盈利的关键，而设计是解决这一问题的根本途径。定制家居企业的设计主要由四块构成：研发设计、结构设计、店面空间设计、终端设计。就家居设计研发而言，虽然实力在不断增强，但在原创设计上依然存在短板，如企业产品同质化严重，设计上大多迎合市场或照搬国外风格，而鲜有自主创新。但若要做好品牌，设计能力不容忽视。未来定制家居设计会更加注重有本土文化符号的设计创新，更加关注和贴近国人的生活方式和个性化差异。定制家居终端设计师的身份比较特殊，其不仅是消费者的设计顾问，还承载了企业的销售使命。因此，随着市场竞争的加剧以及消费者需求层次的提升和丰富，如何设计出让消费者满意的产品和认可的设计理念，把消费者的想法转化成现实，让消费者产生购买的欲望，终端设计师将对此起到关键作用。同时，除设计之外终端设计师的综合能力也要增强。定制产品从看样板、上门量尺、产品设计、修改定稿、加工制作到上门安装等需要的周期比较长，都需要设计师长时间与消费者沟通，使得产品服务成为消费者购买选择的重要因素之一。结构设计师主要负责模块化和确定家具定制生产的策略，对产品成本的影响较大。同时，合理的产品结构也是连接设计方案和后续工厂加工的重要环节，其重要性不言而喻。

如前所述，原创设计是中国定制家居的软肋，为了在研发设计上形成优势，众多定制巨头纷纷开设了类似"生活方式研究院"的部门，专门负责消费者的需求发掘和设计呈现，以解决"产品同质化"的问题，如索菲亚和皮阿诺公司均推出针对客户生活痛点的系列设计（图1-9）。索菲亚公司针对小户型客户的空间局限的痛点，设计了既满足用户临时使用书桌，又兼顾卧室需求的书客房，塑造出可移动自由空间，有着超凡的实用功能。各大定制品牌均在加大产品的设计研发力度，而决定设计研发的秘密武器则是基于生活方式研究的云数据。相比成品家居，定制家居打通制造端和创新云计算技术，不仅大大提高了定制企业的生产效率，而且为定制企业累积了庞大的数据库。这些数据库不仅可以为定制企业中的众多终端设计师提供设计素材，提高其定制效率，而且可以像放大镜一般将用户的需求放大，并反馈给产品研发部门作为新品研发的依据和参考。

图1-9 针对小户型客户的百变空间设计（图片来源：索菲亚）

（9）定制营销成为核心竞争力，现代营销水平普遍提升

定制营销是定制行业的新营销模式，其核心是私享服务，跟传统的个性化营销和一对一营销相比，更强调实时沟通与交流及个性化需求。在定制营销的概念里，营销者可以被视作顾客的代理，帮助顾客寻找、选择、设计相应的产品和服务，实现其个性需要。企业营销部门更趋向于个性需求研究、客户关系管理、产品配置和配送管理等。同时，可以如产品定制那样实现沟通方式、内容、渠道等的定制，充分利用私享服务，这是传统成品家具企业所没有的能力，未来仍会继续深化。

现代营销是企业整体营销战略的一个组成部分，是以互联网为基本手段营造网上经营环境的各种活动。未来的定制企业会继续利用电子商务技术和信息技术，为定制营销构建专门的电子商务系统平台。在电子商务的分类中，家具定制产品属于数字化程度低但客户参与度高的一类产品。此类电子商务系统的建立更强调人性化设计能力、分析和识别客户需求的能力、实时处理能力及虚拟演示能力。同时，该系统应能够通过在线配置过程满足客户的主要需求，并辅以互联网技术及专业人员的沟通，帮助客户解决定制过程中的问题，实现在客户不能清晰地表达其偏好和愿望时，也能顺利完成定制过程。也许在不久的将来，随着人们工作方式、生活环境和思想观念的改变，还会产生更多的创意元素和设计风潮，不断地出现新的变革和改变，影响着定制家居的发展趋势。

1.2 定制家居行业设计师分类

目前，定制家居行业设计师按照工作职能可分为研发、结构、空间和终端设计师，这四类设计师分别负责定制家居产品从外观、结构、展示到销售终端的设计。其中，终端设计师作为直接为客户提供设计服务和帮助的设计师，是实现家居定制和串联客户成交的关键点，在整个定制流程中扮演着重要的角色。

1.2.1 研发设计师

研发设计师是定制家具企业中负责定制家居产品设计开发工作的设计师。在研发工作开展前需要进行市场调研，充分了解市场动态与需求，再结合公司产品设计理念和研发意图准确表达设计思想，研发出新的家居产品。

研发设计师不仅要懂外观设计和色彩搭配，还要熟悉家具的内部结构、制造工艺、生产流程、材料应用及功能五金配置，并且在实物制作的过程中积极配合工厂跟进新品研发，研究造型是否可行，工艺是否合理，功能尺寸是否符合人体工程学，确保产品创意的最终实现。在产品正式上市之前，研发设计师需要对产品的外观、结构和工艺进行优化和改善，直到符合企业和用户的要求。

1.2.2 结构设计师

结构设计师是负责家具产品结构和工艺创新设计的设计师。定制家具结构设计师需要熟悉板式家具的结构及相关生产流程，先依据产品外观的效果图和三视图绘制结构图，再制作打样的生产图纸，并协助生产对新材料配件的验收工作和对新产品打样全过程做好跟踪、反馈、处理工作。在样品评审后，结构设计师需要根据样品的审核结果制订修改方案，配合指导车间修改样品，并做好工艺研究和改善工作，解决生产过程中遇到的工艺技术难题，提高整体生产效率。

1.2.3 空间设计师

空间设计师是从事终端店面、展台等整体空间设计的设计师。空间设计师需要有灵活的创意思维和立体空间想象力，并具备广阔的国际视野，对时尚潮流有非常好的敏锐度，除此之外，丰富的施工经验和优秀的沟通协调能力也是空间设计师必不可少的技能。

在确认店铺选址后，空间设计师需要前往现场测量店铺尺寸，并与客户沟通设计理念和需求，结合品牌信息及人流状况进行合理的室内外形象装修设计。在设计方案确认后，空间设计师还需要在施工现场对整体空间造型进行监督指导，在完工后进行严格的工程验收，并对店面进行最终的形象布置，确保达到预期效果。

1.2.4　终端设计师

终端设计师也称驻店设计师，需要根据客户需求对室内空间布局与定制家具的外观形态、色彩搭配、使用功能、安装结构及软装配饰进行系统设计，是直接对接客户、促成交易的一类设计师。

终端设计师的工作职责包括接洽、量尺、设计等内容。首先引导进店的客户观摩展厅，在了解客户的基本需求后推荐适合的设计服务，并达成初步合作意向。在上门量尺的过程中与客户进行良好的沟通，明确客户的装修预算、颜色风格喜好、家具配置和空间规划等信息，提出合理化建议及解决方案。按照客户要求设计方案，在规定期限内完成效果图并根据客户反馈及时调整修改方案内容。在设计方案的落地环节协助工厂解决工艺技术难题，及时跟踪送货安装进度，做好售后回访工作，为客户提供完美的设计服务体验（图1-10）。

图1-10　终端设计师与客户的交流互动（图片来源：卡诺亚）

1.3　定制家居终端设计师职业素养

终端设计师是定制家居的销售终端，直接为消费者提供设计方案和服务，是以导购和设计为主的服务型设计师。服务型设计师有别于只会操作软件的传统设计师，需要完成从接待客户到设计方案，再到售后服务的全部环节。终端设计师不仅要掌握色彩、功能、结构、施工工艺等专业知识，还要对品牌文化有深刻的理解，更重要的是有良好的沟通、销售能力，以下是终端设计师所需的职业素养。

（1）个人形象与社交礼仪

终端设计师与客户达成合作意向的第一步是"自我营销"，良好的个人形象和社交礼仪能够树立设计师的专业形象，为客户留下良好的印象，从而更好地建立信任关系。设计师在工作时需要着整齐的工装，头发、饰品等应尽量表现出优雅的仪表及风度，并保持良好的精神面貌，言谈举止落落大方，切忌衣冠不整及浓妆艳抹。

初次见到客户时应主动自我介绍和递上名片，根据需要为客户提供饮用水和食品；上门量尺时需要穿戴鞋套才能进入客户家中，切勿不经过客户的同意就随意走动和翻动客户的私人物品，避免出现不文明礼貌的举动。

（2）沟通、销售能力

终端设计师作为销售型服务设计师，其沟通和销售能力是排在第一位的，再好的设计方案也需要沟通来传达，否则只能停留在图纸上。要想成为一名优秀的终端设计师，首先要不断提升自己的沟通交流能力，并掌握一定的销售技巧。如在上门量尺前，提前与客户沟通和确认量尺时间和地点，在量尺过程中，通过话术引导增进客户的信任感，尽可能多地获取客户的需求，并适时推荐公司的定制家居产品。

不同企业和店面的人员架构会有所不同，规模稍大的店面基本上都会配备专门的导购销售人员。设计师与导购销售人员进行配合，设计师负责设计方案的制作和讲解，导购销售负责迎宾接待等工作，二者的分工合作在整个过程中相互呼应，能提高工作效率和成交率。

（3）室内设计风格和公司产品

家具是室内空间的重要组成部分，设计师要根据客户的喜好、需求和原有的室内装修设计定制家具，就需要对室内风格和搭配有一定的了解。大部分定制家居企业会对终端设计师进行岗前培训，室内设计风格就是其中的重点课程；除此之外，设计师还要对企业的定制家具产品规格、款式等内容十分熟悉，这样才能在与客户的洽谈中体现专业度，为客户提供合理的建议和解决方案。

（4）室内空间的功能与布局设计

不同的室内空间需要有配套的家具来实现功能。如书房是进行阅读、书写、工作、写作业的空间，需要有书柜、书桌、座椅等基本家具，而家具的布局需要结合空间的面积、朝向、业主的生活工作习惯，以及动线需要等方面的因素。在以上因素考虑得当的基础上设计出布局合理、功能齐全的空间，充分考验了终端设计师的设计功底。

（5）人体工程学及收纳方法

人体工程学是探究人—机—环境之间协调关系的一门学问，如衣柜中挂衣通的高度要在什么范围内取用时会更加方便，写字台和椅子的高度是多少才合理，椅子的靠背曲直度是多少才舒适？这些问题的解决都离不开人体工程学，要想成为一名合格的设计师，人体工程学是必备知识。

收纳是指室内空间中物品摆放的位置和方式，是家庭生活的重要组成部分。终端设计师在设计时需要根据物品的不同类型规划收纳的位置和数量，还要考虑是否符合客户的存取习惯。好的收纳设计不仅可以在有限的空间内解决存储问题，还可以兼具装饰的功能并提升客户的生活品质。柜体存储是最常用的收纳方法，除此之外，还可利用墙面、墙体、地面和顶面空间扩展收纳面积，如榻榻米地台可同时兼具床、坐具和收纳柜等多重功能，经济实用又节省空间，是目前市场上广受欢迎的定制产品。

（6）家具材料、结构及施工工艺

定制家具的材料以板材为主，设计师需要了解家具板材的规格、原料、密度、强度以及环保等级，熟悉板材之间的连接方式和五金连接件的使用，探究节省材料、提高家具结构稳定性和强度的方法，否则设计方案只能是停留在图纸上的"空架子"。对于家具材料、结构和工艺的学习不能只是死记硬背，需要深入到工厂车间的生产线，观察整个生产流程，为后续对接产品落地、解决生产中工艺技术问题做准备。

（7）设计绘图

设计绘图是一个设计师的基本功，包括手绘图和电脑绘图。手绘是方便快捷的设计表现技法，设计师可以在量尺时通过手绘的形式为客户呈现初步方案，不仅提高了工作效率，缩短了设计周期，还展现了专业技能；然后再使用电脑绘制三维效果图，目前常用的定制家具绘图软件有三维家、酷家乐、KD、圆方软件等，这类软件可以快速生成户型图，设计师可根据客户需求和空间特点在不同空间添加相应的家居产品，最后渲染出三维效果图。

（8）售后服务

售后服务是家居产品正常使用的保障，也关乎着定制家居企业的信誉和口碑。终端设计师在与客户达成成交协议后，需要积极跟进产品的安装和使用情况。如果客户在使用过程中产生任何问题，设计师都需要及时作出回应，亲自到现场或安排专业人士进行处理，保障客户的合法权益，切勿推诿责任，影响个人、店面和企业的声誉。

1.4 定制家居终端设计师服务意识和质量

1.4.1 服务意识

服务意识是指定制家居终端设计师在与客户交流中所体现的热情、周到、主动的服务意识，即设计师自觉、主动地做好服务工作的愿望。服务意识有强烈主动和淡漠被动之分，这与设计师对服务重要性的认知程度有关，认知深刻才能有强烈的服务意识。

具有服务意识的设计师能够把自身利益建立在服务客户的基础上，能够把利己和利他很好地结合在一起，常常展现出"以客户为中心"的倾向。因为他们很清楚，只有先以客户为中心，满足客户的要求，实现客户利益的最大化才能体现自己的价值，从而得到客户的认可和尊重。

而缺乏服务意识的设计师则会"以自己为中心"，不够重视客户的想法，对客户漠视和低估，甚至把客户和自己对立起来，认为客户的要求是无理的，或者在签单前对客户积极热情，签单后冷漠懈怠。有些设计师遇到自己不喜欢的客户时会区别对待、厚此薄彼，违背一视同仁的服务原则，不能尽到应有的责任和义务。还有一部分设计师，并不是没有服务意识，而是存在一定的心理障碍，如对自己的服务缺乏自信，担心服务不好受到客户的拒绝和指责；或是担心受到同事的嘲讽，不敢表现得过于积极；抑或在过往的服务经历中没有得到相应的回报，心里感到不平衡等。

每个设计师对于服务的认知程度都有所不同，这与设计师的成长经历、受教育程度和性格有着直接和间接的关系。企业不能仅依靠设计师的本能和习惯，还需要通过专业的培训和训练加强设计师的服务意识，从而更好地服务客户。这不仅有利于设计师的个人素质养成，还能为企业创造更好的经济效益。

1.4.2 服务质量

服务质量是指服务能够满足规定和潜在需求的特征和特性的总和，是指服务工作能够满足客户需求的程度。目前，中国已经步入"服务经济"时代，但我国服务经济大而不强，无法解决人民群众消费升级带来的问题，整体质量亟待提升。定制家居具有"产品+服务"的双重属性，提高服务质量不仅是竞争的需要，还是定制家居企业的生命线，可以检验管理水平的高低。

终端设计师的工作是为客户提供设计服务，其服务质量会直接关系到沟通的顺畅程度和订单的成交率，客户会因设计师的服务态度好和专业技能高而达成购买意向。设计师需要努力提高服务质量，将其标准化，并贯彻在整个定制工作流程中。一般的定制家具工作流程为：上门量尺、方案设计及确定、合同签订、下单生产、送货安装和售后服务。

（1）上门量尺

为客户提供上门量尺服务时应提前与客户确认量尺时间，到现场后应再次确认客户的需求。在量尺过程中，设计师要注意合理安排时间，尽可能高效地获取现场和消费者的信息，并通过手绘和电脑绘图将设计反馈可视化，让客户能够直观地感知设计场景，在展现扎实的专业技能的同时与客户建立良好的信任关系。

（2）方案设计与确定

设计师根据客户的需求进行方案设计，在完成初步设计后预约客户进店看方案。在客户进店看方案阶段，需要为客户营造良好的体验环境，呈现美观舒适的展厅，带领客户参观不同风格的空间。在设计方案汇报时展现设计方案的美观性、实用性和所解决的用户痛点，准确回答客户提出的疑问并给出中肯的建议；若客户在店面停留的时间较长，应及时觉察客户的身体状况，提供水和零食等食品；遇到带孩子的客户要主动提供力所能及的帮助，分担客户的负担。初次方案汇报后，设计师需要根据客户的意见对方案进行修改和调整，并再次约客户进店看修改后的方案，直到与客户在家具尺寸、风格搭配、功能布局、材料选择等方面达成一致，并以文件形式对方案进行最终确定。

（3）合同签订

客户对产品和服务满意后会与企业以合同的形式达成协议，并支付一定金额的款项。合同内容需要包括设计平面图和主要尺寸，板材的品种、颜色和质量标准，五金配件的品种、材质和品牌，各种材料的单价、总价及价格的计算方法，服务方的三包条款，交货周期，逾期交付处理及赔偿方式，免责条款，双方的权利、责任和义务，保密约定等内容。在这个阶段，设计师要保障客户的财产安全和交易自由，使客户知悉合同中的各个款项，并给予一定折扣和礼品作为回馈。

（4）下单生产

在下单生产阶段，设计师在确保方案准确无误后，需要为工厂提供施工图纸。厂方在生产打样过程中如对产品的设计和工艺产生任何疑问，设计师需要及时对接处理，确保产品在工期内的顺利生产。

（5）送货安装

送货安装阶段一般由专门的工作人员负责运输和安装。在柜体结构复杂和安装图纸表达不够清晰时，设计师需要到现场引导安装人员进行安装，保证产品安装的准确性，减少因安装错误导致的售后问题。

安装前需要先与客户预约安装时间，到达现场后需要确认货物是否准确、工具的堆放地点、水电气等管线的预埋部位，以及是否符合物业规定，并在安装前对施工区域做清洁处理。

在安装过程中应按照安装规范、相关图纸和质量标准进行操作，并注意保护安装部件和客户的其他物品，未经允许不得擅自动用客户的私人物品，也不得进入与施工现场无关的房间。安装完毕后，应对定制家居产品进行质量自检，发现问题及时解决，并对现场施工垃圾进行清洁。如当日不能完工，应向客户说明不能完工的原因，并做好安装现场的保护和消防工作。

（6）售后服务

在售后服务阶段，设计师需要与管理人员、安装人员积极沟通配合，及时解决客户遇到的问题，为客户留下良好的印象。售后工作对设计师的设计能力、沟通能力和共同协作能力等综合能力要求较高，企业要对售后服务进行重点培训。

企业的售后服务质量高，客户对产品和服务流程满意，会产生积极的口碑效应。设计师通过高质量的服务维护与客户之间的关系，为客户留下良好的印象，客户会推荐亲朋好友继续购买产品和服务，为设计师和企业带来更广泛的效益。

除了工作流程中的服务外，设计师还应当注意个人的仪容仪表，身着干净整洁的工装，以良好的精神面貌接待客户；企业和终端销售网点还应定期对设计师进行培训，如行为规范、专业技术和与客户沟通协调能力的培训；企业和店面还需要设立专门的服务质量管理部门，配备管理专职人员赋予其全面的监督管理职能，并建立相应的服务评审制度，保存完整的服务记录。

定制家居终端设计师手册

第 2 章

服务流程

　　西方销售理念"顾客就是上帝"被众多销售人员奉为工作宗旨，这说明市场的消费倾向已经变成"买方市场"。终端设计师是一个兼具销售、设计于一身的职业，也是在"买方市场"影响下的一种职业变化，因为客户的选择多了，设计师们必须主动出击向客户展示专业设计才有可能打动客户。但是究其根本，终端设计师最主要的本职工作还是设计出符合客户需求的方案并使之落地实现，销售技巧只是一种自我推销方式和锦上添花，终端设计师还是要回归到"以用户需求为中心"的工作重点。前文已提及"客户"及"用户"的区别，即在设计之前的工作中主要接触的是客户及部分客户家庭中的用户，在真正设计的过程中更应当结合每个定制空间的使用用户来进行考量和设计。痛点是用户在使用产品中不可言的不满意或不舒适，需要设计师在前期的量尺阶段深入用户生活进行体验和调研，随后以用户行为为基本的研究逻辑，挖掘出更深层次的痛点和需求点，这样才能真正做出客户满意的解决方案。

自20世纪50年代以来，全球经济发生了结构性的变化——从工业经济逐步变成服务经济和体验经济，经济类型的变化与生活水平的提高有着密切的关系。随着经济的高速发展，人们的生活水平也日渐提高，根据恩格尔定律，生活水平的提高势必会降低食物支出在家庭支出中的比重，其他家庭支出比重会逐渐上升，反映了人们在脱离温饱问题之后的关注重心已转变为对生活和自身的关注，所以服务经济和体验经济的到来是历史的必然规律。

在这样的经济背景下，定制家居企业延续工业时代的机械化和大批量生产方式，并将"以用户为中心""用户体验"等新理念融入设计和营销中，以全新的面貌为客户提供满意的消费体验。在这个过程中，定制家居终端设计师起着决定性的作用，是整个定制家居服务中很重要的一个触点，完善的服务流程、满足客户实际需求的服务内容和恰当的技巧能让终端设计师事半功倍。

2.1 服务标准流程

定制家居终端设计师的工作主要是对接客户，理解和按照客户需求进行定制家居的方案设计。在整个过程中，始终要遵循着一个宗旨——以用户为中心，整个设计背后的逻辑是用户行为，设计方案应当在基于用户行为的基础上满足用户的使用功能和提升用户的体验。在实际的定制家居服务中，终端设计师一般接触到的是1～2个用户，但设计的方案中可能是一个家庭中的所有成员，有多个用户，故为了加以区分，这里将与终端设计师接触的用户按照行业习惯称为客户。

从客户购买行为的角度出发，可得到终端设计师的服务标准流程（图2-1）一共可划分为三个阶段：量尺阶段、确定方案阶段和谈单阶段。这三个阶段是根据用户行为而串联起来的前后逻辑关系，每一步都对应着用户的购买行为。

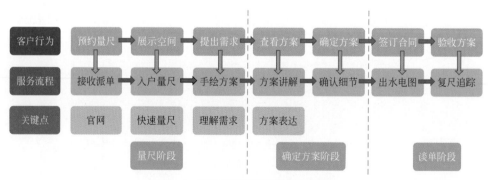

图2-1 定制家居终端设计师服务流程

在量尺阶段，用户通过企业官方网站或者熟人介绍了解定制家居企业并开始预约量尺，在企业系统后台登记预约信息，一般预约登记的信息包括客户的基本信息（姓名、地址和联系方式）、客户定制空间的大概信息、客户喜好和需求以及客户的消费能力等，主要是客户主动填写以上信息。与客户距离最近的门店店长通过CRM（客户关系管理）等系统接收信息，然后根据客户类型派单给合适的终端设计师，这时候终端设计师才开始进行服务。终端设计师接收到派单之后，预约客户上门量尺，对量尺过程中客户的需求和问题利用手绘草图等方式快速提供解决方案，并在现场与客户进行初步的方案沟通，基本确定客户需求和方案大纲。在量尺结束后，终端设计师需要整合测量后的客户信息，如定制空间尺寸的准确信息、客户家中装修风格、客户的生活习惯、客户定制空间的产品配置方案（不同的产品价位）并再次进行客户消费能力评估，与前期的客户登记信息进行核对和匹配，整理出一份客户基本档案作为后续方案设计的事实依据。

在确定方案阶段，终端设计师所进行的工作远多于图中步骤，这里暗含着客户看不到的工作量，但在很大程度上保证了完美设计方案的呈现。终端设计师根据前期的量尺工作和客户基本信息得到设计要求，在此基础上进入设计模型库，挑选符合顾客意向的产品模型进行方案设计，设计方案一般要配备三个不同产品配置，即三个价位的产品搭配，以便于客户比较和选择。在设计方案过程中，常选用三维家、圆方软件、酷家乐等系统进行设计渲染，从而得到高清的空间效果图，搭配有明确尺寸说明的CAD平面图、立面图等。为了更好地将方案呈现给客户，终端设计师综合基本信息和方案设计，将其整合成一个清晰的主题并以PPT的形式给客户讲解。在讲解前，终端设计师还需要进行内部的方案审核和方案演练。方案审核的内容包括方案的合理性、效果图质量、CAD图的规范性和价格的核对等；终端设计师一般会在门店早会或者夕会的时候向门店同事进行讲解演练。这不是直接与客户接触的服务，而是定制家居企业内部和终端设计师对于方案的负责和把控，争取将完美的方案呈现给客户。一切准备就绪之后，终端设计师会邀请方案中的所有用户（通常是全家人）、门店导购等人员到现场，然后进行讲解沟通。确定方案不是一件容易的事，终端设计师要根据客户的意见进行一次或者多次的方案修改，这个过程考验的是终端设计师的理解能力、专业能力和抗压能力。

谈单阶段代表着终端设计师的工作接近尾声了。在方案展示后，客户会提出各种异议——方案异议由设计师解决，价格异议则交由导购处理。当客户对方案和价格均接受时可以签订合同，可当场出水电图让客户带回去进行水电施工。完成合同签订后，终端设计师也要跟踪订单的进度，与客户保持联系，尤其是安装的时候最好在现场与安装工人共同完成，争取给客户良好的服务体验。

终端设计师的工作流程实际上就是定制家居企业与客户共同完成定制服务的流程，整个过程需要很多后台系统和工作人员的配合，其中暗含着错综复杂的逻辑关系，但实际上就是一个服务设计。其中涉及的利益相关者包括外部人员或组织和内部人员或组织，利益相关者包含却不仅是顾客和服务提供者，只要是与项目利益相关的人，如服务提供者的合作伙伴、竞争对手等，都是利益相关者。通过利益相关者示意图（图2-2）可以清晰地看到内外部人员的关系和全流程易产生的矛盾点，以全流程、大局观角度提高服务效率和解决服务问题。

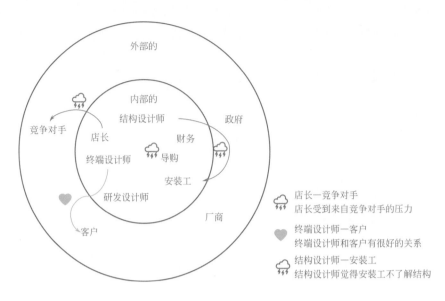

图2-2　利益相关者示意图

　　为了更清晰、直观地展现终端设计师的服务流程以及相关逻辑关系，现用服务蓝图表示（图2-3）。图中的终端设计师就相当于前台服务人员，直接与客户接触，其大部分服务都是客户可见的，但其服务后面还隐含着更多的服务、技术、系统和管理等的支持，是整体定制家居团队运作的结果。而图中的有形展示，亦称为触点，在进行服务的整个流程中，不同的角色之间发生互动的地方也是可以着手改进和提升客户体验的地方。在客户的整个购买过程中，可能会涉及的触点包括官网/熟人的口碑、量尺的快捷性、手绘方案、PPT/演讲技巧、赠品/优惠、订单可视化和施工快捷/安全等。终端设计师如果想提高签单的成功率，可尝试从这几方面入手以提高客户的消费体验。同时也要注意理清在整个过程中涉及的背后的服务支持关系，以团结合作的心态更能促进工作的顺利完成。需要注意的是，即使到了确定方案这一步，客户也不一定会立马进行合同的签订。这里面会牵扯到很多因素，但主要因素就是客户对方案有异议而设计师没给出满意的答复，以及价钱上没达到一致的意见。这时候设计师仍需耐心地跟进，争取引导客户交定金，留住再次商讨的机会。

2.2　关键服务内容与技巧

　　终端设计师（下文简称设计师）的服务流程是与客户的消费行为息息相关的，但若只是古板地照着流程走也不一定能顺利地完成签单工作，这其中还涉及是否提供了客户所需的关键服务内容以及是否拥有恰当的服务技巧等。提供客户所需的服务内容并以适当的方式呈现，能增加客户的好感度和信任度，提高签单率。

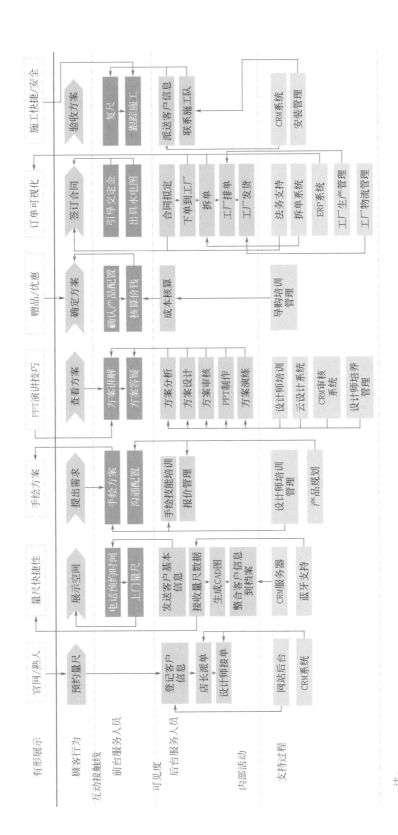

图2-3 定制家具服务蓝图

注：
1. 互动接触线：代表使用者与服务提供者的接触点。
2. 可见度：区分出前台员工（或系统）以及消费者不会直接看到的后台员工及工作流程。

区分关键服务内容必须得了解每个阶段的服务目的，结合触点的分析获取适当的服务技巧。量尺阶段的服务目的是在快捷、不打扰客户的前提下高效地得到客户定制空间的尺寸信息以及定制需求。换角度思考，当一个家庭迎接一个陌生人进行家中空间的参观和评论时，客户内心总是会存在着些许的抵抗和防备，也会受到设计师服务态度的影响。根据定制家居终端设计师服务流程图进行展开，可得到设计师在量尺阶段详细的服务内容（图2-4）。所以在这个过程中，设计师需要提供的关键服务包括礼貌地得到客户入户的允许、快捷量尺和专业咨询。设计师在接到派单信息后，应当主动了解、熟悉客户的基本信息，并尽快电话联系客户确定入户量尺的时间。技巧是在电话联系过后再给客户发送一条文本短信，告知客户自己具体的上门时间，并礼貌要求客户在现场陪同。因为入户量尺并不是一个简单的量尺工作，设计师应当在这个过程中多收集和确定客户的家装风格、定制意向等一手资料，而且也可以适当地在此过程展现自我专业素养，增加客户的信任度。量尺是一个技术活，现代的量尺工作可以借助高科技的电子设备完成高效、准确的量尺数据，并通过蓝牙、APP等技术的整合自动连接到云系统，生成精确的CAD图纸等。在量尺阶段中，最关键的服务是专业咨询服务，设计师应当善用谈话技巧，既不引起客户的防范心理又能保持设计师的基本素养，尤其在进行客户全屋参观的过程中，设计师不要对于家装风格有太苛刻的评论，这只是代表客户喜好的一种风格或装饰。这时候，设计师应当站在客户的角度，适当地从全屋的装修风格、客户家庭成员的生活习惯、客户的颜色偏好和选材要求等方面入手寻找设计的素材和逻辑，快速缩小客户意向需求的范围，精准地与客户产生共鸣。除此之外，纯熟的专业技巧也能增加客户的信任度，在量尺结束后，设计师应当从视觉图片入手，让客户在以往的类似方案中

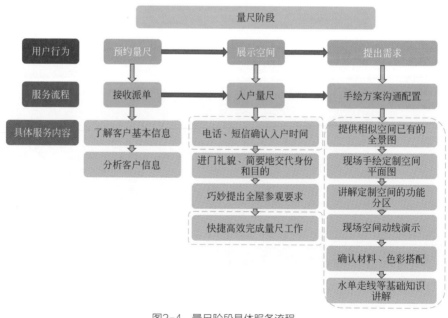

图2-4　量尺阶段具体服务流程

挑选最合适的效果图，然后利用专业设计技能展现平面布置图、功能分区和设计想法，最好能与客户现场演示设计后方案的动线，让客户更加清晰地了解方案意图。

确定方案阶段是设计师最应该尽心尽力、竭尽所能做好的服务内容，因为这给客户展示的是设计师的设计能力和表达能力。在确定方案阶段的具体服务流程中比较关键的服务内容是选择良好的环境进行PPT讲解、给客户答疑和确认方案的配置及价钱（图2-5）。在进行PPT讲解前，切合客户需求的方案设计是最重要的，其次才是讲解的技巧和舒适的交流环境，而且在进行方案设计时要充分考虑到客户对于定制的预算和价钱的接受度，最好设置几个不同梯度的产品配置来满足客户的综合需求。PPT讲解的技巧是让客户感同身受，让客户觉得方案是为他量身定做和切中要害的，可以从前期量尺阶段的客户资料中提炼主题和设定设计背景，给客户熟悉感。当客户对方案提出异议时一定要耐心聆听，以专业的知识作答，切忌固执己见，可适当引导客户接受设计的方案，跟客户确保施工后的还原度高。方案价格的确定主要是由导购主导完成，但设计师也要参与其中，给客户服务周全和安定的感觉，因为相对导购而言，设计师与客户的熟悉程度较高，已彼此建立较深厚的信任感。

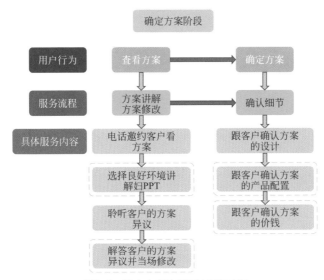

图2-5 确定方案阶段具体服务流程

谈单是设计师和客户在价钱上的拉锯战（图2-6）。一般而言，进展到这一步时说明设计方案是没有问题的了，客户基本上接受了方案的设计，但这时候客户会有签单前的犹豫。这属于正常的心理反应，每个客户在决策前都会暗示自己三思而后行，毕竟即将面对的是一笔大交易，太轻易签单就没有后悔和压价的余地。这时候设计师需要做的两件重要的事情是展现专业素养和适当的谈话技巧。如在出具水电图时应当清晰、明了地跟客户讲解清楚，打消客户对于方案实施落地的疑虑。而比较关键的是识别客户压价的套路，并准备一套能有力说服客户的谈单话术。在实际谈单中，客户最经常质疑的例子有三个（表2-1）。案例1中客户故意贬低或者表示对方案接受度一般，希望降低价格，这种心理说明客户对于方案已经满意，但是觉得轻易签单就会亏损很多，试图在价钱上得到一点心理补偿。这时候设计师要强调产品质量是一定能保证的，尤其是在家装上，品质好、材料好的产品才能保证家人的安全，但如果还有利润空间，适当给客户优惠或者赠送礼品等则能更好地拉近两者距离。案例2反映的是客户试图通过暂时的逃避给自己思考空间或者压价空间，如果在确定方案时邀请客户全家到现场则不会产生这样的问题。当出现这样的情况，设计师可以礼貌地挽留客户，让客户在门店里多逗留一会，参观展厅转移注意力，并留给客户足够的时间和空间进行思考，之后再进行下一步洽谈。案例3比较明显地暴露客户的压价想法，而且在现在的市场环境中，客户接触到的定制家居品牌较多，肯定会进行品牌间比较。这时候设计师不要试图去打压别的品牌来抬高自家品牌，免得引起客户的反感。正确的方式是不卑不亢，从容大方地说明自家产品和设计的优点，因为客户在开始定制服务前已经做过选择和比较，结果就是选择了自家品牌，说明客户对于自家品牌的优点是认可的，设计师只要坚定地表达客户的选择是对的即可。

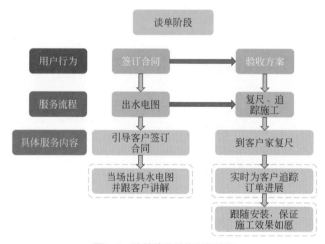

图2-6　谈单阶段具体服务流程

表2-1　谈单客户质疑案例

案例	客户反应
案例1	认为方案不出彩，价格便宜点就接受
案例2	表示自己需要和家人商量
案例3	将其他品牌加进来比较，希望拿到折扣

很多设计师会错误地认为签单结束后工作就结束了，可能在表面流程上看来是这样的，但在如今这样一个讲求服务至上的年代里，完整、贴心的服务才是客户需求的。因为在整个服务中与客户接触最多的是设计师，客户对于设计师的熟悉程度和信赖度会比较高。设计师应当时时关注订单的进展情况并与客户保持联系，在订单的每个节点给客

户发送贴心的提醒信息，且后期到现场参与安装，这样才能保证服务的完整性，也给自己建立了良好的口碑。

设计师的服务流程是根据客户的购买行为而定的，客户的行为应当成为服务流程的逻辑点。以客户为中心，关注客户每一个阶段所接受的服务质量和所产生的服务期望，通过找出服务中的触点进而延伸到关键服务内容，从而提升客户的消费体验。聪明的设计师除了必备的专业技能和素养，最重要的是与客户的互动中提供的服务和服务的技巧，过硬的专业技术、完整贴心的服务和消费者感受到的愉悦的消费体验是设计师成功完成服务的必备条件。

2.3 客户痛点分析

"顾客就是上帝"是一种营销理念，来源于19世纪中后期的美国零售业。马歇尔·菲尔德百货公司率先提出"顾客总是对的"的概念，并首次将"商品一旦售出概不负责"的行规改成"无条件退货"。经济的发展、商品的多样性将交易的主动权逐渐从卖家转移到买家，这也是"顾客就是上帝"理念的产生缘由之一。工业化的大批量生产加剧了商品的同质化，顾客在购买时并非很容易就能做出选择，能让商家脱颖而出的方法要么是产品品质艳压群芳，要么是提供额外的增值服务，显而易见，前者的消费群体有限且成本高，后者的成本是较低的，符合商家的销售心理。服务并不是一个新兴的词汇，自人类有贸易行为起便存在，如常出现在古装电视剧中的茶寮和客栈就是一种服务，但此时的服务在整个交易过程中并没有占据非常重要的分量。因此，服务的兴起与经济发展、商品多样性和商品的批量化生产等有着重要关系，换句话来说，当供过于求时，顾客则把握住了交易的主动权。为了使交易主动权的天平稍微倾斜，商家们必须主动出击，深入研究顾客的行为，并深谙一个道理：顾客愉悦的心情是促进交易的重要因素，更长远的目标是顾客对于产品的使用是十分享受和喜欢的，这能带来后续的消费和良好的口碑。所以客户的消费体验和用户的使用体验是企业应当着重研究的内容，客户的消费体验与终端设计师的服务流程和内容相挂钩，用户的使用体验则是设计师进行方案设计时的重要考量因素。

2.3.1 客户痛点

痛点是一个营销词汇，是指用户在使用产品或服务的过程中因更高、更挑剔的需求未被满足而形成的心理落差和不满，简单点说就是用户暂时还没有被满足的需求。痛点产生的根源是用户日益增长的物质文化需求与生产者、服务者提供的不完善的产品和服务之间的矛盾，意思是说用户的需求已经远大于目前生产商和服务商提供的产品和服务，生产商和服务商需要不断地提高产品的质量和服务的质量来满足用户日益增长的需求。痛点是客户产生的问题，在问题解决前用户会感到不适、痛苦、抱怨等负面情绪。换个角度看，这也给了设计师一个很好的入手点，从用户的痛点出发更容易找到使用户满意的解决方案，这在一定程度上也能帮助用户解决生活问题，提升二者的信任度，促进愉快的合作。按照马斯洛需求层次理论的假设基础——人类是一个有着不断需求的动物，人类的天性就是不断产生新的需求，运用智慧解决之后又会产生新的需求，其实这也是一个不断追求更好生活的过程。终端设计师是其中的催化剂，帮助用户更好更快地满足需求。

痛点是易混淆的，比如马桶，相信每个人在使用中或多或少都被马桶水溅到过，这是生活中常见的麻烦和不愉快，但这不是痛点，因为这种不愉快是可以通过其他简易的方式解决的——朝马桶里扔一张纸即可，还不足以构成换掉或升级该产品的理由。在这个案例中，卫生间的异味是一个痛点，虽然卫生间有异味，但用户得天天使用，心里还会带着些许的恐惧和抵抗。相比较而言，开发一款解决马桶溅水的产品和一款解决卫生间异味的产品，后者会更得人心。

痛点主要分为两类，一是显性痛点，用户能够自我感知并通过言行举止表现出来；二是隐性痛点，需要洞察人性才能被发现。比较耳熟能详的显性痛点例子是王老吉广告：怕上火喝王老吉！当代青年富足的生活促使他们寻找刺激、特别的生活体验，于是各式各样新鲜刺激的饮食方式便受到了追捧，如火锅、麻辣香锅等，但青年一代与老一辈不一样的是生活经验的缺少，在极度刺激的饮食影响下身体会产生各种不适，比如上火、口腔溃疡。对此，老一辈会有自己的解决方式——选择恰当的中草药进行熬制并喝下去，这种药汁通常苦涩不堪，非青年一代所喜。面对这样的痛点，王老吉推出的解决方式是传统凉茶加适当的糖分，借助包装和防腐技术形成商业化的产品遍布大街小巷的商店，给青年一代提供了触手可及的方便。

隐性痛点相对显性痛点比较难挖掘，需要敏锐的洞察力和逻辑感强的谈话技术，一般可在用户的深度访谈中获得。汽车是工业革命的产物，在汽车出现之前，马是人类的代步工具，所以这时候用户的需求可能是"想要一匹跑得更快的马"。在这样的前提下，我们可以尝试着深入挖掘下去，与用户进行类似的对话："为什么需要一匹跑得更快的马？""因为可以跑得更快。""为什么需要跑得更快？""因为这样就可以节省时间，更早到达目的地。""所以你需要一匹更快的马的目的是什么？""用更短的时间、更快地到达目的地。"从上述对话可以看到，用户最真实的需求其实是"用更短的时间、更快地到达目的地"，但当时的交通工具——马已经满足不了这种需求，这是隐藏的痛点。

显性的痛点是用户可以意识到并表达出来的，设计师也可以通过场景的观察和体验得到；隐性的痛点相对埋藏得比较深，有时候用户也没有很明确地知道自己隐藏得最深的痛点是什么，而这种痛点往往很多时候是一种场景的创新、一种新发明的诞生，需要设计师更加深入地观察和挖掘。

2.3.2 家居空间主要痛点

家居空间是人们生活的主要场所，承载着家庭的悲欢离合和家庭成员的喜怒哀乐。中国传统型的居住空间是"多代同堂式"，同一屋檐下可能同时居住着年迈的老一辈、正值青壮年的父母辈以及尚未成年的儿孙辈。发展至今，受西方独立自由思想的影响，居住空间逐渐变成以3～4人为单位（父母—孩子）的小家庭式。居住方式和生活水平的改变促使中国家庭的家居环境正面临着前所未有的变化。新兴的家庭主力在沿袭传统的居住经验和适应新的居住环境中尝试着改变，家居空间新形势正迎面而来。

传统的中国民居是木结构建筑，全家老少统一住在一个"大院"里面。1849年，法国园丁约瑟夫·莫尼尔发明了钢筋混凝土，经过德意志工业联盟、包豪斯、俄国构成主义和荷兰风格派的发展与影响，由钢筋混凝土建构而成的外形简约、经济适用的建筑便兴起了，且之后伴着改革开放的春风改变了中国千千万万的百姓家居建筑形式。坚固的钢筋混凝土给建筑提供了建立高楼大厦的基础，拔地而起的住宅楼代替了以前一座座扁平矮小的平房，公寓房应运而生。同样的硬装结构不一样的居住需求，不同的用户有不同的生活痛点，这为设计师们提供了巨大的发挥余地。

家居空间是人生活居住和活动的空间，想要了解家居空间的痛点就得先了解家居空间的构造和形式。公寓式的住房已经改变了传统的独门独户的居住环境，同一栋居民楼可能住着十几户人家，同一投影下的公寓房型是一样的，这是现代工业化和批量化的产物，同时也方便设计师进行设计和设计演练。在中国大陆按套型分，常见的户型有一居、两居、三居、四居、五居及以上（"居"指的是卧室的数量），因家庭收入不同，既有30多平方米的一居室也有200多平方米的五居室，这里涉及的家居户型不包括租房系统的家居户型。在北上广等一线城市，两三居室的居住家庭最多，这受到房价和生育政策的影响很大，随着二胎政策的开放，四居室也慢慢成为人们理想中的适合全家居住的户型。

在日常的家居生活中必备分区是卧室、卫生间、客厅和厨房，视生活水平的不同会附加有餐厅、书房、衣帽间等个性化需求分区，所以卧室、卫生间、客厅和厨房是用户生活痕迹最重的地方，也是最容易产生生活痛点的地方（表2-2）。在这些场所里面，常见的生活痛点有空间收纳问题、安全隐患问题、家务清洁问题、日常取物问题等，以2室2厅1厨1卫的户型为例，生活中隐藏痛点的地方可见图中蓝色部分（图2-7）：卧室中出现生活痛点最多的地方是衣柜区域，厨房的痛点是橱柜区域，入户处的痛点是鞋柜区域，客厅的痛点是电视柜区域，卫生间和阳台的痛点都是储物区域。下面将进行每个空间痛点最多的区域的研究剖析。

表2-2　各户型分区

户型	常见形式	居住人口（人）	必备分区	备用分区
一居室	1室1卫	1～2	卧室、卫生间	客厅、厨房
两居室	2室1厅 2室2厅	2～4	卧室、卫生间、客厅、厨房	书房、餐厅
三居室	3室1厅 3室2厅	2～6	卧室、卫生间、客厅、厨房	书房、餐厅、工作间
四居室及以上	4室1厅 4室2厅 4室3厅 ……	2～6	卧室、卫生间、客厅、厨房、餐厅、书房	杂物间、佣人间、衣帽间

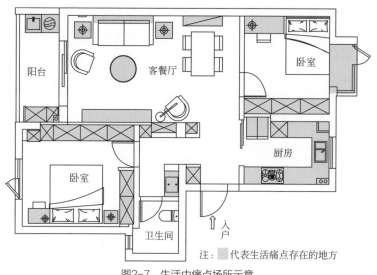

图2-7　生活中痛点场所示意

注：▨代表生活痛点存在的地方

2.3.3　衣柜使用主要痛点

　　衣柜是人们用来存放衣物的柜具，一般陈放在卧室或者专门的衣帽间。衣帽间主要出现在四居室及以上空间或者特别的定制空间中，因此这里仅以普通衣柜作为研究对象。衣柜的造型功能并不是一成不变的，在中国传统家具中，人们习惯以带有特殊驱虫味道的樟木箱子作为衣物存储空间，而且一般女子出嫁时都会带着装有自己衣物首饰的箱柜，箱柜的多少代表着女方嫁妆的丰厚程度，现代衣柜的外形主要是来自欧洲。随着东西方文化的交融，西式衣柜的样式在明清时期通过广州等通商口岸传入中国，并慢慢变成中国家具中的一员，比较有名的衣柜是故宫的通天黄花梨衣柜，衣柜的高度是与天花板相接的。由此说明，衣柜的形式是随着人们需求而变化的，其可定制化程度非常高，所以应该从用户行为入手了解用户在使用衣柜时最真切的痛点。在实际的定制家居产业中，衣柜是消费者定制频率最高的家居产品，也是各大品牌在实际展厅中的门面担当。了解衣柜、明确用户在使用衣柜中的生活痛点，将有助于我们更好地设计和呈现实用、美观的衣柜产品，也会帮助终端设计师更好更快地找到设计和交流的入手点。

2.3.3.1　衣柜类型

　　衣柜是人们存放衣物必不可少的家具，在现代家庭中几乎每一个卧室都会配备一个衣柜。在不同空间中衣柜的大小和样式都不一样，如主人房的衣柜和儿童房衣柜就有很大的差别，后者在尺寸上偏小，更加适应孩子的高度，颜色上比较鲜艳活泼，收纳种类也与成年人的不同。按照柜门的不同，可分为掩门式衣柜、趟门式衣柜和开放式衣柜（图2-8），后者在生活中比较少见，这里不做讨论。掩门式衣柜的历史相对比较久远，开门方式是对开门，门板与侧板呈90°～270°不等，关闭时是90°，打开时是270°，这是因为里面使用的五金件是铰链，开合角度受到铰链的限制。这种衣柜的开门方式要求比较多的活动空间，否则打不开柜门，这也是古典衣柜比较钟爱的开门方式。趟门式衣柜比较节省活动空间，门板与侧板之间的角度始终在90°，多出现在现代简约风格的设计里面，这种衣柜的门板活动主要依靠的是衣柜下方接近地面处的导轨和门板上的滑轮的共同作用，但该衣柜的弊端在于不能同时打开所有柜门，对于不同区域的取放物需要进行两次柜门的开启。

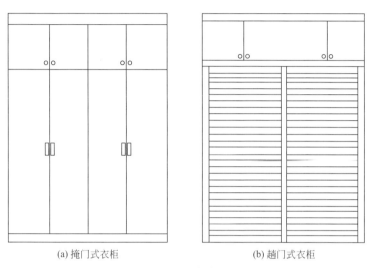

(a) 掩门式衣柜   (b) 趟门式衣柜

图2-8　衣柜类型

2.3.3.2　衣柜物品分析

衣柜与人的生活非常密切，犹如一个城堡保护着用户的私密物品。经常会困惑终端设计师的问题是：不同人有不同的使用习惯，设计师应该怎样设计出适合不同用户的衣柜产品？这就要求我们回到问题的源头——你真的了解衣柜吗？衣柜摆放的物品和具体的分区你清楚吗？用户在使用过程中的人体工程学你熟知吗？虽然用户会有不同的使用习惯，但是用户储存的物品和正常的人体工程学的范围是有规律可循的，这也应当成为我们了解衣柜的着手点。

首先进行的是衣柜收纳物品的分析。在日常生活中，用户用来打扮和装饰自己的物品非常繁杂琐碎，从使用用途的角度分可分为衣物类、贵重物品类、配饰类、箱包类、床品类和饰品类等。其中，衣物类是衣柜中物品的主体，种类也最多，按照衣物长度的不同可分为内衣裤类、短袖类、外套类、裤裙类和长衣类；贵重物品类包括各种证件、金钱、珠宝钻石和名表等，是用户最有价值的资产，需要隐秘保护；配饰类主要有领带、皮带、帽子、手套、围巾、墨镜等，是用户出门的打扮点缀；箱包类主要有背包、挎包、行李箱和收纳箱等，使用频率没有达到每天都用，且体积和造型一般不能压缩，需要固定的空间放置；床品类主要是换季或备用的床品，包括棉被、空调被、被单、被套、枕头、枕套等；饰品类出现在日常生活中的频率并不是特别高，但不排除一些喜欢装饰和展示的用户的喜好，在我们的设计摆场中适当加入饰品装饰可增加衣柜的美观性。

2.3.3.3　用户使用衣柜时痛点分析

在日常家居生活中，衣柜的使用者主要为家中的成年女性，一般是妈妈的角色，在这里以妈妈日常使用衣柜——早晨拿出衣服换装和晚上收叠衣服这两个场景为例进行用户过程分析（图2-9和图2-10）。早晨的时候，妈妈使用衣柜的期望是快速找到所需衣物而不弄乱其他物品。按照妈妈早晨使用衣柜的行为和动态心情值来看，查找合适的衣物、取出衣物和关上柜门的行为之间会出现心情失落点，这时候的痛点会表现在"衣服在哪里""这个怎么取出来"和"真险，差点夹到手"。反映出来的问题是衣物太多，找到合适衣物的可能性等同大海捞针；即使找到合适的衣物之后，在不弄乱其他物品的前提下快捷方便地取出也很麻烦；在关上柜门的时候不留神会被夹到手。将这些问题细分下来思考，可以归纳出妈妈在早晨使用衣柜时的痛点是物品太多空间不够用、物品太杂分区不明显、物品的取出会影响其他物品的摆放、柜门的开启带有一定的安全隐患。

在傍晚时分，妈妈一般会收回阳台晾晒的衣物然后分类叠好放进衣柜。这时候的期望是快速叠好衣物并分类摆放整齐。整个过程包括四个动作：折叠衣物、打开柜门、放置衣物和关上柜门。心情的失落点主要有折叠衣物时对于分类的纠结、长久的折叠姿势带来的疲惫、放置衣物过程中的意外手滑和完成工作后身体的劳累度。这些失落点反映的问题是傍晚使用衣柜与折叠衣物关联度很大、用户本身对于物品的分类概念并没有设计师想象中的清晰、快速方便地解决放置衣物问题会提高用户的工作效率、在设计衣柜时要对用户怀有关怀之心。

妈妈　　　　　　　　　　　　　　　　　　　　　　　期望

情景：妈妈早晨起来从衣柜里面拿出衣服来换装，　　　·一下就能找到所需衣物
她想快捷方便地取出衣物。　　　　　　　　　　　　　·不会弄乱其他物品

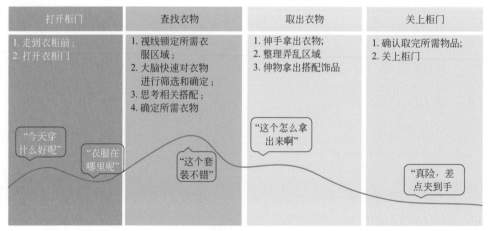

图2-9　妈妈早晨使用衣柜的过程

妈妈			期望

情景：妈妈傍晚收回晾晒的衣物，准备叠放进衣柜。她想整齐快速、分门别类地完成这个工作。

· 快速叠好衣物
· 分类、整齐地放好衣物

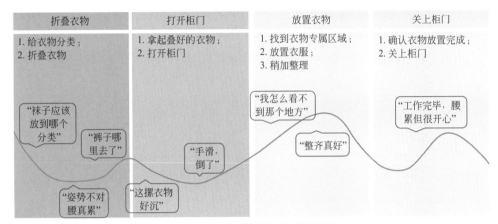

折叠衣物	打开柜门	放置衣物	关上柜门
1. 给衣物分类； 2. 折叠衣物	1. 拿起叠好的衣物； 2. 打开柜门	1. 找到衣物专属区域； 2. 放置衣服； 3. 稍加整理	1. 确认衣物放置完成； 2. 关上柜门

"袜子应该放到哪个分类"

"裤子哪里去了"

"姿势不对腰真累"

"这摞衣物好沉"

"手滑，倒了"

"我怎么看不到那个地方"

"整齐真好"

"工作完毕，腰累但很开心"

图2-10　妈妈傍晚使用衣柜的过程

这两个日常生活案例是用户在使用衣柜过程中最频繁的活动过程，结合行为和用户的实际感受可以发现，用户在使用衣柜过程中的痛点有：物品太多空间太少、物品太杂寻找太麻烦、物品放置前要耗费人力和时间。

2.3.3.4　衣柜收纳设计

在上述衣柜使用的痛点分析中可以发现，收纳不当是用户在使用衣柜时产生痛点的主要源头之一。收纳设计是通过分析客户、物品和空间，创造满足物品收集容纳需求的一个过程，所以衣柜的收纳设计需要分析用户、物品和衣柜空间之间的关系，以此来满足物品的收集容纳，从而达到减少用户痛点的目的。根据收纳设计的定义，收纳设计的逻辑如图2-11所示。在收纳行为逻辑的指导下可以归纳得到收纳的原则，主要有三点：按照场景和动线收纳物品；按照物品的类型和使用频率收纳物品；将收纳的物品和区域通过标签化、颜色化等方式以示区别。

衣柜主要存放于卧室之中，使用对象有儿童、青少年、壮年和老年人群。在实际生活中，主卧的衣柜是必不可少的，其他类型的卧室不一定配备恰当尺寸和功能的衣柜，甚至有些空间是不配备衣柜的，故本书仅选择主卧衣柜进行收纳设计分析，以保证设计的通用性。主卧空间的使用者一般为夫妻两人，以妻子为主导，故应当以我国成年女性

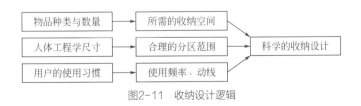

物品种类与数量 → 所需的收纳空间
人体工程学尺寸 → 合理的分区范围 → 科学的收纳设计
用户的使用习惯 → 使用频率、动线

图2-11　收纳设计逻辑

的人体工程学尺寸标准来进行衣柜区域的划分。

根据衣物存放方式的不同，可先将衣柜大致分为挂放区、叠放区和层板区（表2-3）。其中各大区域比较常见的衣物有：挂放区有连衣裙（130cm）、长外套（120cm）、衬衫（100cm）、短外套（90cm）、西裤（70cm）和半身裙（70cm）；叠放区有袜子（6～10cm叠放高度，下同）、内衣（10～15cm）、T恤/保暖衣（17～24cm）、裤子（25～30cm）、卫衣/毛衣（25～30cm）。层板区一般用于放置不太常用的床上用品及箱包等。

表2-3　衣柜分区及相关物品信息表

放置区域	物品种类	衣柜分区高度建议尺寸/cm
挂放区	长外套、连衣裙、短外套、帽子、衬衫、围巾、西裤、领带、浴袍、皮带、运动外套、半身裙	100～150
叠放区	背心、T恤、袜子、棉毛衫裤、内衣裤、保暖衣、运动服、毛衣、裤子、卫衣	35～50
层板区	床上三/四件套、夏冬被、枕头、毛毯、毛巾、包	40～50

根据上述日常物品的特性，其在衣柜中的收纳方式基本有以下解决方式。根据衣物材料的柔软性和衣物的大小长度来看，内衣类适合卷和折叠的收纳方式；短袖类适合折叠和挂放；外套类和长衣类适合衣杆挂放；裤裙类适合裤架挂放；贵重物品的收纳需要一个隐藏的抽屉或者保险柜；配饰类可以悬挂起来，不占据主要的收纳空间但又便于取放，如门板后面；箱包和床品类一般放置在不太常使用的区域，同时也要有一定的空间容量，比如衣柜的上方空间（图2-12）。

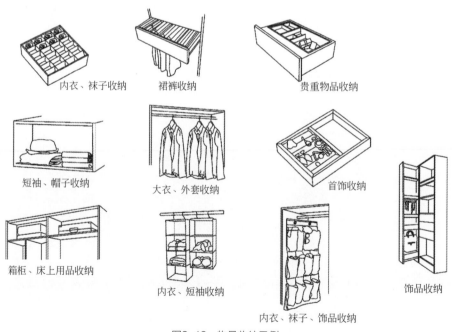

内衣、袜子收纳　　裙裤收纳　　贵重物品收纳

短袖、帽子收纳　　大衣、外套收纳　　首饰收纳

箱柜、床上用品收纳　　内衣、短袖收纳　　内衣、袜子、饰品收纳　　饰品收纳

图2-12　物品收纳示例

繁杂的日常物品添加了衣柜收纳的难题。面对这样的问题，现在衣柜设计的普遍应对方法是增加分区。衣柜的分区与人的肢体活动有着莫大的关系，以我国成年女性为例，其动作活动范围如图2-13所示。按照我国女性的身高以及使用习惯，可将高2500mm的柜类分为三个区域：第一区域主要以人的肩为轴，是上肢半径的活动范围，高度在603～1870mm之间，是我国成年女性使用最便捷、视线最集中的黄金区域；第二区域是从地面至人站立状态下手臂下垂时指尖的垂直距离，高度在603mm以下，这个区域人必须蹲下操作，不方便经常取物；第三区域一般为人手不能直接到达的区域，需要借助一定的辅助工具。处于行业领先的定制家居企业已经在人体工程学、用户研究方面走了很远。2017年，好莱客定制家居企业和日本"收纳王子"联手开展我国成年女性（平均身高159cm）进行衣柜作业的人体工程

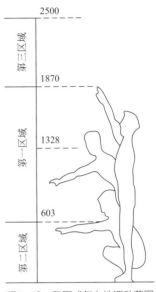

图2-13　我国成年女性活动范围

学研究，主要包括在进行拿取存放时的行为分析，得出了六个对衣柜收纳设计有指导性作用的数据（图2-14）。从图中可知，我国成年女性在使用柜体时可够到的最大高度是211.5cm，站立作业时的高度是84cm，向上拿取物品时最大高度是184.9cm，能使用抽屉的高度上限是144.3cm，方便使用衣柜的高度范围是63.4～134.8cm。

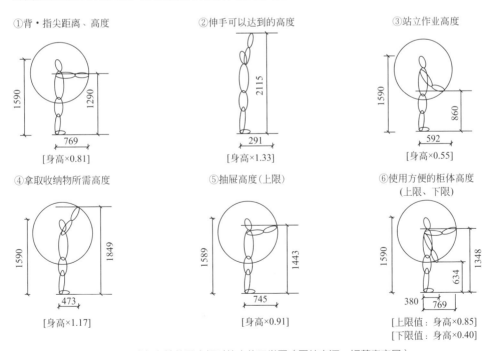

图2-14　成年女性使用衣柜时的人体工学图（图片来源：好莱客家居）

在日常生活中，使用衣柜频率最高的为家中成年女性，所以参考成年女性的活动范围可得出衣柜的四个分区：极少使用区、正常使用区、频繁使用区和不常使用区（图2-15）。分区的意义在于帮助我们合理、有效地结合常置物品的使用频率进行衣柜的设计。

每个用户的使用习惯是不一样的，由此产生的行为动线也是不同的，所以关于某个具体用户的使用习惯分析应当视项目而定，如年轻夫妻的衣柜中挂衣区是主要的收纳部分，这是因为年轻人对于美和生活品质的要求较高，比较看重外出的行头；老人的衣柜则是以折叠区为主，可以多设计层板和抽屉等避免过高取物和弯腰取物的设计；儿童的衣柜以成长性为主，故需要灵活多变，收纳功能应强大到足以包容各

图2-15　衣柜分区

成长期的玩具和衣物。从衣柜本身的功能来说，衣柜是方便用户分门别类、有条不紊地收纳置物的工具，所以不管是有着什么样使用习惯的用户，衣柜功能分区作用都是必要的。我们可以将其分成五大模块（图2-16），且根据上面人体工程学和衣柜分区的数据显示，每个模块的高度位置其实是有一定范围的，所以了解并熟记衣柜功能分区的内容和位置对设计师进行衣柜设计有着重要的作用。

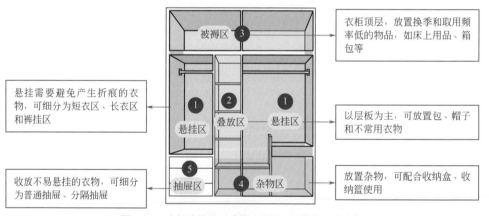

图2-16　衣柜功能分区（图片来源：好莱客公众号）

现在定制家居行业里对于衣柜的收纳设计研究已有不少丰硕的成果。以索菲亚为例，衣柜收纳设计有抽屉分隔、柜门收纳、层板分隔、保险箱与衣柜的结合以及根据物品特点而设计的收纳方式（图2-17）。

2.3.4　橱柜使用主要痛点

橱柜是厨房中存放厨具以及备餐操作的平台，是厨房现代化的重要见证和物证。橱柜作为一种舶来之物在20世纪末进入中国厨房，后来与各种涌现的厨房小家电逐渐组成

图2-17　衣柜收纳设计（图片来源：索菲亚海纳百川系列）

今日的整体橱柜。整体橱柜的概念是1950年由德国博德宝公司提出的，又叫整体厨房，是将厨房用具、厨房电器、操作台面与厨房环境进行系统搭配而形成的整体形式。从这个定义来看，整体橱柜等于整体厨房，橱柜已成为现代厨房的代名词。

　　所以，对于橱柜使用痛点的分析应当从整体厨房的角度出发。厨房是家的缩影，是住宅中使用最频繁、家务劳动最集中的空间。厨房的功能主要有备餐、烹饪、清洁以及收纳等，主要分为四类：封闭式厨房（将烹饪空间与其他家居空间完全分隔开的独立式厨房）、家事型厨房（将烹饪与各种家事劳动集中在一个空间的厨房形式）、开放型厨房（将烹饪与交流作为重点考虑的设计形式，将餐厅与厨房并置于同一空间）和起居室厨房（将厨房、就餐、起居组织在同一房间中，是全家交流的中心）。其中，受到烹饪习惯的影响，中国厨房的形式主要是封闭式厨房；开放型厨房多为西方家庭所有；起居室厨房则是一种更加开放的厨房。根据平面布局来分，一般有五种类型，分别是一字型、二字型、L型、U型和岛型（图2-18），其中岛型是开放式厨房，即有双操作台，中间留有通道，呈现岛形的设计。

| (a) 一字型 | (b) 二字型 | (c) L型 | (d) U型 |

图2-18　常见厨房布局

2.3.4.1 厨房常见物品及设备

厨房是一个海纳百川的空间，因为它满足了人类的首项需求——食。对于食，人类从来不会委屈自己，总是尽所能地收集和囤积自己必备和想吃的食品。比西方复杂的是，中国的饮食文化博大精深，在美食面前尽显十八般武艺——煎、炒、炸、蒸、汆、涮、煮、炖、煨、卤、酱、熏、烤、炝、腌、拌、拔丝等，复杂多样的烹饪方式带来永远不够的物品需求。按照使用途径来分，中国厨房常见的物品类别有食品类、调料类、工具类、设备类、清洁类等。每个省份和区域的不同饮食习惯会影响厨房常见的物品类别，以四川省和广东省为例，前者爱好麻辣，后者喜欢清淡，所以辣椒只能成为四川人民的座上宾而成为广东人民的过客。如此庞大复杂的饮食系统加剧了厨房设计的难度，"因地制宜"是古人的先见之明，设计师在设计橱柜时也应考虑到地域差异性带来的极大影响。

以广东省为例，常出现在厨房的食品类有主食（以大米为主）、蔬果、海鲜、肉类、调味品、保健品和乳制品等（图2-19），储藏要求有常温、保鲜和冷冻。根据粤菜的烹饪习惯，常用到的工具有砂锅（煲汤）、平底锅（日常炒菜）、电饭锅、蒸笼等，辅助电器有煤气炉或电磁炉、抽油烟机、冰箱、微波炉、烤箱、洗碗机等，延伸出来的小物件有碗筷碟盘、菜篮、滤水篮、瓶罐容器、铲勺夹架、刀刨镊剪子等。在平均面积 4 ～ 6m² 甚至更小的空间里要容纳这些人类满足果腹之欲的全套装备，橱柜就显得格外重要了。

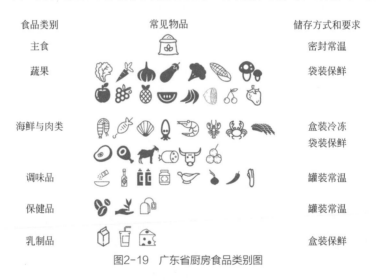

图2-19 广东省厨房食品类别图

2.3.4.2 橱柜的组成

厨房的物品繁多，同时厨房又是用户活动最频繁的空间。橱柜就像一个万能的柜子，能将用户数也数不清的物品收纳进去。按照橱柜距离地面的高度可将橱柜分为吊柜（最高）、操作台面和地柜（图2-20）。吊柜主要是存放一些使用频率不太高的物品，因为相对后两者而言，它的取物难度和危险性比较高。操作台面是用户接触最多的，其合适的操作高度会使用户的工作事半功倍，这个高度的计算公式是操作台面高度＝身高/2+50cm。用户在使用橱柜的过程中，最明显的一个安全隐患是会被吊柜碰到头，所以吊柜最低处到地面的距离取值范围在1550～1600mm比较合适。按照用户的使用习惯来分，在图中从右到左分别是洗涤区、备餐区、烹饪区和菜区（图2-20）。吊柜是组合中位置最高的部分，一般由柜子和抽油烟机组合而成，柜子数量视用户需求而定；地柜与用户的距离最近，常见形式有消毒柜、水盆柜、灶台柜等，根据用户需求还可以加入烘箱、洗碗机等电器。地柜储存物品复杂，一般有隔板柜、抽屉柜和拉篮柜等形式（图2-21和图2-22）。

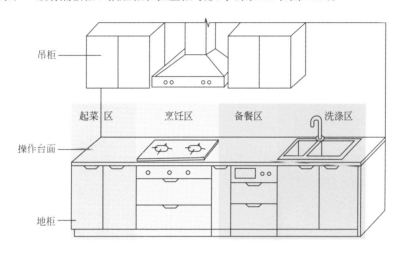

图2-20　橱柜的组合形式及功能分区

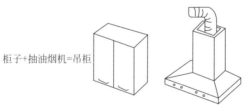

图2-21　吊柜组合单元

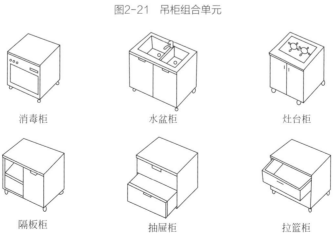

图2-22　常见地柜形式

2.3.4.3 用户使用橱柜时的痛点分析

在厨房设计方面，很多设计师习惯从空间布局、动线设计等方面入手，这是与设计关系十分密切的，但应该离用户更近，从用户的使用行为出发才能找到用户真正需求的方案。百隆公司是国际知名五金制造商，主要产品有厨房用的铰链、抽屉和上翻门，拥有多项发明专利，是厨房研究中的佼佼者。百隆公司对于厨房的研究十分值得借鉴和学习，他们通过对厨房物品分类归纳和用户使用厨房场景的研究和跟踪，得到了很多有用的用户研究信息。百隆公司对北京、上海、广州、长沙、哈尔滨等城市进行了深入的厨房观察，将用户在使用橱柜时遇到的痛点分为五点，分别是：操作台高度不适当（图2-23）、通道过窄（图2-24）、备餐区过小（图2-25）、碰头危险（图2-26）、取物不方便（图2-27）。其中，有三种痛点是因橱柜设计不合理引起的：操作台的高度应该因人而异，设计师在进行高度设计的时候应当了解客户家中常使用厨房的用户，以其身高作为操作台高度的计算基数。

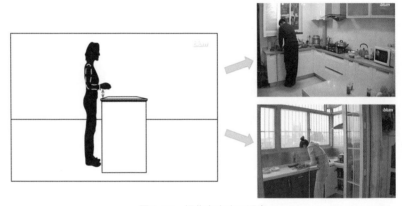

图2-23 操作台高度不适当

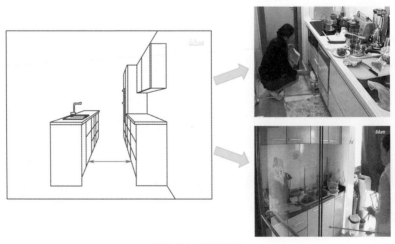

图2-24 过道过窄

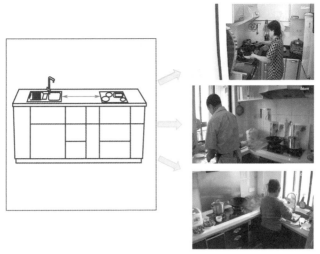

图2-25 备餐区过小

图2-26 碰头危险

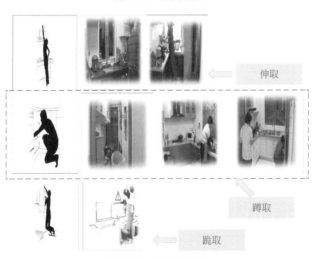

伸取

蹲取

跪取

图2-27 取物不方便

过道过窄的很大原因是受到客户厨房面积的影响，设计师应因地制宜，选择合适的布局形式；备餐区过小对于用户而言使用极其不方便，尤其不利于后面的烹饪，所以在设计时要考虑留有足够的备餐区域。用户在使用橱柜的过程中，频繁出现的行为是取物，因储物位置不同，会出现的动作主要包括蹲取、伸取和垫取，对应的高度也逐渐升高，这些动作十分考验腰和脊柱，对于用户而言并不是一个很好的操作体验。同样比较令用户烦恼的是动线规划的不合理，在厨房里兜兜转转容易产生眩晕感。吊柜门会带来碰头的危险，这时候可以选择上翻门或者其他解决方式。

在百隆公司提供的厨房观察视频中，我们可以看到用户在使用橱柜过程中会产生很多痛点，但百隆的研究方法是动态的视频观察，不能很直观地在文字中体现。因此，通过用户旅程图还原用户使用橱柜的行为过程将更有利于设计师进行痛点判断和设计研究。在一个家庭中，使用厨房最多的角色是成年女性——奶奶或者妈妈，因为奶奶年纪较长，身体状况不如年轻的妈妈，在使用橱柜时更容易感受到力不从心，所以只要奶奶能使用的橱柜产品，年轻的妈妈也一定能使用，故此处选择奶奶作为用户研究的对象。

奶奶　　　　　　　　　　　　　　　　　　　　　　　　期望

情景：奶奶傍晚进入厨房准备炒菜。她想有条不紊、按时完成菜品制作。

· 快速找到想拿的物品
· 不必太费体力

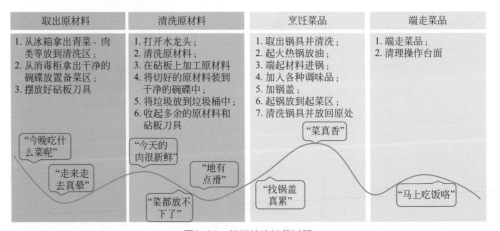

图2-28　奶奶傍晚炒菜过程

以傍晚时分奶奶做饭的场景为研究背景。实际上，做晚饭是一个很复杂的过程，里面包括好几个流程，比如煮饭、煲汤、炒菜等，最复杂的还是炒菜，因为不同菜品的烹饪过程是不同的。在这里选取的是一个简化版的炒菜流程，不涉及某一道菜的做法，也仅以一道菜的炒制作为整个流程。从备菜到完成一共分为四个步骤：取出原材料、清洗原材料、烹饪菜品和端走菜品（图2-28）。前两个步骤是比较耗工和耗时的，从图2-29中的动线图来看，这两个过程还包含往返的动线，实际生活中比这个更加复杂，因为不是每一位奶奶都能一下子拿完所有需要处理的原材料。奶奶烹饪前的行为比较复杂，出现

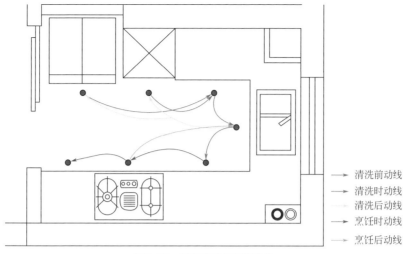

→ 清洗前动线

→ 清洗时动线

→ 清洗后动线

→ 烹饪时动线

→ 烹饪后动线

图2-29　奶奶傍晚炒菜的动线

痛点的机会也比较多，如"走来走去真晕""菜都放不下了"和"地有点滑"，反映的是由于厨房分区的不合理导致的动线繁杂错乱、备菜区空间太小和水盆防溅水功能不足等问题，而且在取物过程中还有很多隐藏的痛点，如不能很快地找到所需物品、即使找到了取出来也不容易、有碰头危险、取物动作多且难等，这都是可以通过橱柜设计解决的问题。

2.3.4.4　橱柜收纳分析

厨房面积小，用户活动密集，而且对卫生和饮食健康有着重要影响，故收纳是厨房里必不可少的需求，设计不当则会引来不可避免的痛点。在现代厨房系统里，橱柜几乎出现在所有家庭生活中，承载着储物、洗涤、切菜、炒菜、煲汤、煮饭等复杂行为，里面涉及水电走线、煤气管道走线、油烟排放等问题。解决厨房收纳问题最重要的是根据储物品类及其使用频率进行橱柜的分区和设计，并借助现代高品质材料来保证食品的卫生和消除安全隐患。

橱柜按高度主要分为三个区域（见2.3.4.2橱柜的组成），结合人体工程学的要求，中间的操作区域是人作业的黄金区域，故应该放置一些经常要使用的物品，如抹布、刀具和各类调味品等，考虑到操作台面宽度有限，物品过多时可适当增加台面置物架或者将刀具和烹饪辅具悬挂在墙上；吊柜区域不在人的轻松取物范围内，应该放置少用和质量轻的物品，若是预算充足，可推荐客户使用上翻门等便捷、安全的开门方式，减少因开关柜门带来的碰头危险；地柜是主要的储物区域，适合放置经常使用且重量不轻的物品，但最好是根据不同的功能分区来分类储物。洗涤区下通下水道，是所有功能区中卫生隐患最大的地方，这个区域适合放置除食物以外的较重的物品，如家庭装的洗洁精、垃圾桶等。备餐区的功能主要是处理食材和暂时存放食材，这个区域的地柜可以存放米面、食用油等。烹饪区下方的地柜适合存放方便拿取的常用碗筷和锅具，起菜区则可以存放不常用碗筷和锅具，形成一个补给的作用。四个功能区域组成一个连贯的行为动线，相互间的储物是可以互给的，大大减少因为找不到物品而兜兜转转的困扰。

在上述三个部分中，因收纳物品数量的众多，地柜的收纳设计显得尤为重要。传统的地柜是使用隔板进行空间功能分割的，可搭配单开或者双开柜门。但这对于正在烹饪且着急找到某一件物品的用户来说并不友好，意味着用户的视线要暂时离开烹饪区，接着弯腰打开柜门，并在一大堆物品中找到自己所需要的物品。且不说这个过程中的隐患（一不留神锅里的菜糊了），光是弯腰找物品这个动作已经让用户很不舒服了，这时候换成一个用细分隔件优化过的抽屉，事情就变得简单多了，只要拉开抽屉便一眼能找到所需物品。若是有充足的预算，拉开抽屉这个动作也可以被肢体触摸打开抽屉来代替，还增加了用户和橱柜之间的趣味互动，让厨房生活变得有趣起来。除此之外，转角处空间的利用也得到了妥善解决，只需安装一个转角拉篮即可解决问题，当然，拉篮的形式也有多种，可充分满足客户的不同造型需求（图2-30）

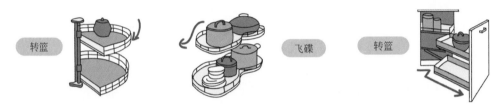

图2-30　不同拉篮的形式（图片来源：好莱客公众号）

2.3.5　客厅家具使用的主要痛点

客厅是一个住家环境的门面担当，是一个家庭交流互动的中心场所。据相关统计，如果按照一家五口人来算（爷爷、奶奶、爸爸、妈妈和孩子），客厅需要储存约70%的公共物品。高频率的家庭活动和繁多的物品加剧了客厅空间设计的复杂性，但同时恰恰也给了我们很多设计的入手点——从用户使用客厅家具的痛点入手。

2.3.5.1　电视柜的使用痛点

就面积而言，客厅是整个住房环境中最大的空间，平均面积在$18 \sim 45m^2$不等，所使用的常见家具包括沙发、茶几、边几、电视柜等，其中电视柜是比较适合在定制家居系统里设计的，且电视柜的功能相对于其他客厅家具而言也更多一些。从用户的使用行为出发，我们会发现用户在客厅里主要进行的活动有：聊天会客、看电视、看书、亲子活动、家庭会议活动、休闲活动等，具体的行为分析方法与前面两节相似，由于篇幅限制，这里不做累述，本部分仅选择与终端设计师关系最密切的电视柜作为分析案例。

设计出怎样的电视柜才是客户满意的电视柜？这是困扰很多终端设计师的问题。我们可以从用户使用电视柜的痛点入手。用户主要使用电视柜做三件事：放置电视、收纳物品、展示物品。放置电视是电视柜的基本功能，这里的放置不是直接放置的意思，有些电视是悬挂在墙上，周边被电视柜包围着，这也是一种放置。收纳物品和展示物品是用户使用电视柜的两大主要功能，共同点是物品，所以首先要了解电视柜中物品的种类。根据使用用途来分，电视柜中的物品包括工具、药品、书籍、玩具、个人收藏和饰品等，其中书籍、玩具、个人收藏和饰品具有很强的展示功能，一般也是客户希望自我欣赏或展示给客人看的东西。这里面就隐藏了两个痛点：怎么给物品分类和什么位置展示物品更好。对于家中有老人和小孩的家庭来说，电视柜的最大使用痛点是安全隐患，主要包括边角磕碰的隐患、小孩误食药品的隐患等。

除了物品的分类和收纳痛点，困扰客户日常生活的还有怎么平衡美观和收纳的问题。客厅除了要满足一家人的日常活动，更重要的是这是一个对外的窗口，要能很好地展示自家的良好形象和环境。根据设计的"二八"原则，终端设计师要学会"有收有放"，即藏住80%不美观的日用品，展示出20%美观、大方、有内涵的展示品。这里面的小窍门是适当借助客户的个人收藏品、艺术感强的装饰品和活泼有生机的小绿植。

2.3.5.2 电视柜的收纳设计分析

不是所有客户都懂分类和收纳知识，或者说他们根本不愿意花时间去学习这方面的知识，所以这时候端设计师应当发挥专业特长，给用户做好合理的、符合用户生活习惯的分类收纳建议和电视柜功能区划分。从用户的使用习惯入手，在日常生活中，总有几类物品是用户要频繁使用的，但也有一些物品是用户偶尔使用的，我们根据物品的被使用频率将电视柜分为三大部分（按高度分），最高部分为不常用物品区域，中间部分为常用物品区域，最下面为临时物品区域，根据人的视觉习惯，展示物品区域一般设置在常用物品区域中。

结合电视柜中的物品、功能分区和用户的使用习惯，可以得到物品的使用频率、存放区域和存放方式（表2-4）。这种划分方式并不是唯一的，得根据具体的用户需求进行调整，而且对于有儿童的家庭来说，玩具的收纳要符合儿童的使用习惯，应将其存放在较低、方便拿取的地方，但是相对儿童来说比较危险的工具类和药品类则要远离其能轻易触及的范围。

表2-4　电视柜物品

品类	使用频率	存放区域	存放方式
工具	中	常用物品区	工具箱
药品	高	常用物品区	抽屉
书籍	中	常用物品区	陈列
玩具	高	临时物品区	玩具箱
个人收藏	低	不常用物品区	展示
装饰品	低	不常用物品区	展示

2.3.6　其他空间家具使用的主要痛点

在家居生活空间里，卧室、厨房、客厅是与人关系最密切的地方，但用户丰富多彩的生活轨迹并不局限于以上三个空间，还有门厅（进门处）、卫生间和阳台等，分别包含着用户日常的换鞋活动、洗浴活动和休闲活动等。本部分主要从空间的布局、物品的种类摆放和用户的使用痛点来进行阐述。

2.3.6.1　门厅家具

门厅，亦称为玄关，是家庭连接外界的第一道屏障，是用户临出门前和进门前频繁使用的空间，所以即使在没有门厅的户型里面，用户也希望通过用玄关柜来制造出一个门厅区域。根据实际户型的不同，目前常见的门厅布局有Ⅰ型、H型、L型（图2-31），主要是鞋柜和储物柜的布局。根据物品种类的不同，可大致将玄关物品分为穿戴类、工具类、器材类、临时存放类等，鞋类是所有物品中数量最多和最需要分类收纳的物品（图2-32），杂物类是门厅家具中比较杂乱的存在（图2-33）。用户使用门厅家具频率最高的时间段和场景是早晨出门和傍晚归家时，相对应的行为动作会有换鞋、找齐所需物件、拿起包、整理仪容和出门等。结合上述分析可以总结得到用户在使用门厅家具时的痛点：鞋子的收纳和取换、鞋子的通风换气、杂物的临时放存、夜间归家时换鞋的灯光需求等。

门厅家具的收纳主要以鞋类为主，临时物品及其他杂物为辅，在设计时可按照鞋子>暂存衣物（帽子、包等）>电子产品/工具>运动器材等的优先级进行收纳设计。以鞋子

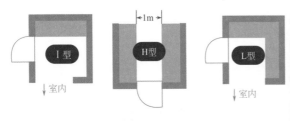

图2-31　门厅布局常见类型（图片来源：好莱客公众号）

图2-32　数量繁杂的鞋子（图片来源：好莱客家居）

图2-33　门厅家具上的杂物（图片来源：好莱客家居）

为例，其种类丰富且因性别有大小和款式的区别，据相关测量统计，女鞋的基础长度为250mm，男鞋最大长度为320mm，由此对应的鞋柜深度为350mm就足够了。至于高度，尤其是女鞋高度差别特别大，一般的160mm层板间距不一定能够满足需求，这时候倾斜和可活动的层板设计会是个不错的解决方案。当然，日常生活中的鞋子收纳还有个特别大的痛点，就是长期处于密闭空间或是因潮湿没及时烘干引起的鞋子异味问题。所以保证鞋子收纳中的防尘、通风很重要，可借助其他材料的介入，如方便清洁和加工的塑料材质等。如果收纳空间有限，鞋柜门也是可以适当利用起来的（见图2-34）。小物件也是门厅收纳的一大重点之一，如随身携带的钥匙串、雨伞等，可以用一些巧妙的设计来解决（图2-35）。

图2-34　鞋柜门收纳

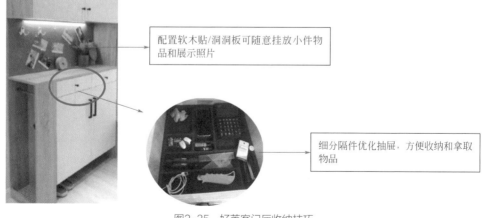

配置软木贴/洞洞板可随意挂放小件物品和展示照片

细分隔件优化抽屉，方便收纳和拿取物品

图2-35　好莱客门厅收纳技巧

2.3.6.2 卫浴家具

卫生间是一个"多""乱"和"杂"的空间，即东西多、摆放乱和物品杂。作为家中面积最小的使用场所，却肩负着复杂的洗浴功能。按照功能划分，卫生间空间主要有三大功能区：洗浴区、如厕区和洗涤区，其分布的形式视空间的形状和大小来定，如长方形的空间一般将这三大功能区沿着长边一字排开（图2-36），正方形时以三角形形式排开（图2-37）。值得一提的是，现代卫生间的设计为了使用户更舒服和安全地使用卫生间，一般都会设置干湿区分离，即将洗浴区单独作为一个隔离的空间划分出来。这里以老人为例，老人在使用卫生间时需要用到的物品有洗浴用品、卫生用品、换洗衣物、清洁用品等，洗浴用品和卫生用品是卫生间的主要使用物品，卫生用品和换洗衣物需要在干燥的空间放置和收纳。老人使用卫生间的行为有上厕所、洗澡、洗漱、清洁等，涉及的家居用品有马桶、马桶柜、淋浴设施、水盆柜、镜柜等。从老人的角度出发，可以得到其使用时的痛点有：地板有水太滑会摔跤、弯腰拿物品太累、镜子容易花、清洁工具容易藏污纳垢等。

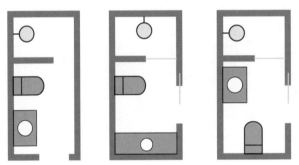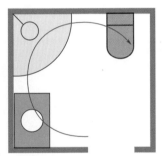

图2-36　长方形卫生间功能区分布　　　　图2-37　正方形卫生间功能区分布
（图片来源：好莱客公众号）

2.3.6.3 阳台家具

阳台空间是一个休闲空间，主要作为用户休闲娱乐、享受生活所用。根据阳台功能的不同，常见的阳台类型包括收纳型的家务型阳台、阳光书房型阳台、多功能休闲型阳台、休闲植物型阳台等，且全中国家庭的阳台都有一个共同的功能——晾晒衣物，同时也是清洁用品的主要存放区和晾晒区。根据使用功能的不同可将阳台划分为活动区、洗涤区、晾晒区、植物区和杂物区。综上所述，阳台上必备的家居用品组合有洗衣机、储物柜、洗手台、拖把池等，根据用户在阳台上的活动（晾晒衣物、休闲纳凉、清洗工具、种植花草等）可考虑将上述家居用品全部整合到一个多功能阳台柜中，使得阳台更加整洁美观。终端设计师在进行阳台柜设计的时候可以考虑的用户痛点有：晾晒衣物过程烦琐劳累、收衣服时因衣物多且重而手忙脚乱、阳台物品易长期暴晒而损坏、清洁工具清洗麻烦且有卫生隐患等。

第2篇

基础知识

定制家居终端设计师手册

Handbook
for
the Terminal Designer
of
Home Furnishing Customization

第 **3** 章

常见风格

定制家居空间风格可以细分成很多种，每一种都有自己独特的个性和表征，设计师们需要在设计实践中不断琢磨和运用，做到成竹于胸。作为定制家居设计师，不仅要掌握不同风格在具体家具产品上的表现或设计手法，还需要掌握配套的软装饰品和硬装与家具产品的融合性设计，只有这样才能满足大家居和泛家居时代对设计师的要求。随着人工智能时代的来临，智能家居的万物互联将快速发展，高科技的产品和技术手段将进一步改造我们的生活方式，作为终端设计也要了解相关科技产品的特征和格调，并与家居产品进行深度融合。设计师需要了解风格，但又不能唯风格论，理解并挖掘消费者对空间风格的需求点，并与他们生活中的各种功能需求相结合，会让我们的设计之路走得更宽更远。

对各种家居空间风格特点及内涵的了解，也是一个优秀终端设计师的基本功。风格主要是指设计作品在整体上呈现出的明确、稳定且有代表性的特征，并能够通过这种基本面貌传达出其内涵，能够反映一个时代、民族的思想观念、艺术素养、情感倾向、精神气质等内在特性的外部印记。

3.1 新中式风格

新中式风格是近些年在家居行业中比较流行的风格，其诞生于中国传统文化复兴的新时期，是传统中式风格基因在当代的重新演绎，既保留了传统中式风格的精髓，又紧跟现代潮流，是两者碰撞下产生的创新。新中式风格定制家具，装饰有古典而又简洁的线条，与现代生活更好地融合在一起，既饱含古典韵味又富有层次，努力营造精致典雅又有诗意的空间效果（图3-1）。讲究对称的美感，善用留白、虚实结合的表现手法是其常见的设计手法，有时也会在拉手、门板等处适度运用一些中式符号。

图3-1 新中式风格卧室和起居室（图片来源：玛格家居）

3.2 现代简约风格

现代简约风格是以简洁、功能性强著称的一类风格，强调室内空间形态和物件的单一性、抽象性、功能性，源自德国魏玛的包豪斯学派。现代简约风格的定制家具线条干净利落，没有过多的装饰，善用简明的几何形体，色彩和材料也简化到最少，这对设计师的设计功力提出了更高的要求，需要设计师深入生活、仔细推敲，在满足家具功能需求的前提下，将空间、人及物进行合理的组合（图3-2和图3-3）。现代简约风格的定制家具使空间在功能和视觉上都实现了最大化，广泛应用在中小户型中。

图3-2　现代简约风格衣帽间（图片来源：科凡公司）

图3-3　现代简约风格玄关柜（图片来源：劳卡家具）

3.3 简欧风格

简欧风格是现代简约风格与传统欧式风格的融合，保留传统欧式的材质、色彩和神韵，通过简化罗马柱、欧式柱线、帽线等典型元素，将精致的线条融合到定制家具中，形成一种具有兼容性的典雅风格，简欧风格根据传统风格简化程度的强弱，可以做成更倾向于现代青年一代审美情趣和使用习惯的风格特征，营造轻松浪漫的情调，如图3-4所示；也可以保留更多的符号，营造出更加装饰典雅、高贵的风格特征，营造精致浪漫的欧式情调，见图3-5。

图3-4　简欧风格厨房（图片来源：好莱客家居）

图3-5　简欧风格卧室（图片来源：卡诺亚家居）

3.4 美式风格

　　美式风格根源于欧洲文化，是美国殖民地风格中的代表风格，来自各国的美洲殖民地居民，将本国的家具风格杂糅在一起，最终形成了贵气、大气而又不失自在与随意的美式风格。美国作为实用主义家具的沃土，孕育出了美式风格，其装饰得体有度，材质色彩粗犷自然，多以实木为主材，风格简洁明快，强调舒适度和实用性，同时兼具一定的装饰感，营造舒适而贵气的生活方式，见图3-6、图3-7。

图3-6　美式风格客厅柜（图片来源：索菲亚家居）

图3-7　美式风格厨房（图片来源：四海家具）

3.5 田园风格

　　田园风格是一种富有田园气息的朴实风格，"田园"并不是特指乡村的田野，而是指贴近自然、返璞归真的风格（图3-8）。田园风格是对注重自然表现风格的统称，还可根据不同地域特点分为中式田园、法式田园、英式田园、美式乡村、东南亚田园等风格，每个风格都有一定的共性和特性。田园风格以砖、陶、木、石、藤、竹等材料为主，并辅以棉、麻等天然织物，追求天然舒适的质感。田园风格的定制家具注重对自然的表现，大胆运用小碎花、绿色植物等元素（图3-9），并通过植物打造"绿化空间"，创造出清新、质朴、高雅的氛围，即使居住在喧嚣的城市中，也可回归到大自然的怀抱中。

图3-8　田园风格卧室（图片来源：索菲亚家居）

图3-9　田园风格书房（图片来源：好莱客家居）

3.6 法式风格

　　法式风格是富含艺术气息的法式宫廷风格，以优雅的线条和柔美的造型著称。法式风格的家具整体布局上沿中心轴线对称，气势恢宏又不失高贵典雅；细节上注重雕花和线条处理，制作工艺精细考究。法式风格一般分为新古典、哥特式、洛可可和巴洛克四种风格。其中，洛可可风格带有秀气优雅的女性柔美；巴洛克风格的家具体态雄壮，椅腿扶手多装饰有动物和天使脸庞等；新古典风格摒弃繁复的装饰，强调家具的舒适性。法式风格的定制家居华美浑厚，在把手和柜边的部分饰有雕刻、镀金、嵌木和镶嵌陶瓷，装饰题材多为花、叶、竖琴、水果、狮身人面像等，外观造型时尚大气，并散发着浓郁的法式浪漫气息（图3-10、图3-11）。

图3-10　法式风格卧室1（图片来源：四海家具）

图3-11　法式风格卧室2（图片来源：四海家具）

3.7 混搭风格

混搭风格是一种融合东西美学元素于一体的现代时尚风格，它摆脱了以往单一风格的束缚，更加随性自由，符合现代人的生活方式。"混搭"不是简单地将风格叠加，而是把不同风格巧妙地结合在一起，一般会有一种相对主体的风格。混搭手法通过将不同风格分出主次，可以同时协调两种及以上风格，例如：以欧式的家具为主体，搭配中式的饰品和家纺，使整体设计更加富有层次，既有欧式古典的唯美，又饱含东方传统的知性（图3-12）。

图3-12　混搭风格餐厅（图片来源：科凡家居）

3.8 北欧风格

北欧风格是指欧洲北部挪威、丹麦、瑞典、芬兰和冰岛等国的设计风格，起源于斯堪的纳维亚地区，因此也被称为"斯堪的纳维亚风格"。北欧家具以简约著称，具有很浓的后现代主义特色，注重流畅的线条设计，没有任何雕刻装饰，更贴近现代都市人的生活方式。北欧风格是人、自然、社会和环境的科学结合，常用木、石、玻璃、铁艺等材料，并保留材质天然质感和传统的制作工艺，集中体现了绿色、环保、可持续发展的设计理念，是一种质朴、有温度、崇尚自然的设计风格，见图3-13。

图3-13 北欧风格衣帽间（图片来源：好莱客家居）

3.9 轻奢风格

轻奢风格是目前市场上广受欢迎的一类家居风格，可简单理解为"轻度奢华的风格"，善用木材、金属、石材、丝绒等各种材料的混搭手法，色彩上常以象牙白、炭灰、驼色、灰绿、金色等倾向于高雅调性的色彩为主，不仅能体现高品质家具的奢华细节风貌，更代表着一种精致的生活态度（图3-14、图3-15）。轻奢风格的家具设计简洁而不随意，通过精致且有质感的装饰元素来展现内敛的高贵气质，为空间营造一种清静、华贵、雅致之美。轻奢风格是现代与古典的融合，也同时兼具时尚与实用、个性与艺术。现代轻奢风格的定制家居产品常融合高科技元素，如智能化妆镜等功能模块，在满足奢华的视觉体验之外，还令人身心感受到温馨舒适，这也是轻奢风格定制家居产品追求的境界。

图3-14 轻奢风格起居室（图片来源：科凡家居）

图3-15 轻奢风格卧室（图片来源：卡诺亚家居）

3.10 工业风格

　　工业风格起源于二战后制造业蓬勃发展的美国，那个时期的家居风格具有浓郁的文艺气息和工业特色，逐渐发展成为一种广受欢迎的风潮。工业风格典型的代表是源于旧建筑改造的LOFT风格，强调原有建筑的结构之美，用尽量原生态质感的材料装饰空间，结合金属等现代材料，努力营造一种个性化、自然、艺术、洒脱的空间氛围（图3-16）。工业风格空间在颜色上多以黑白灰为主，神秘冷酷的黑色搭配优雅静谧的白色，更加富有层次感；材料选择上，多选用砖、混凝土、木、金属等材料，工业风格的室内空间多以裸露的砖块或者水泥构成墙壁，天花板不会刻意悬挂吊顶，还可以看到管道和下水道；装饰上，金属、木、皮制品是工业风格中常见的装饰元素，尤其是老旧的木材和锈迹斑驳的金属灯具，在粗犷中彰显出独具一格的时尚魅力。工业风格的定制家具多采用木质材料与金属材料融合的方式。

图3-16 工业风格（图片来源：索菲亚家居）

定制家居终端设计师手册

第4章

常用材料

家具材料类目众多，样式多变，是人们的需求与现代科技碰撞后的时代结晶，在定制家具中起到不可或缺的作用。消费者和设计师对家具材料有足够的认知，有助于根据不同场所和使用要求，灵活、合理地制定家具方案。在未来，家具材料会在技术力量的推动下，功能愈发地强大，不断扩展定制家具的使用方式和地域。

定制家居产品深受现代家庭的喜爱，因为它具有变化多样的组合、可个性化定制、性价比高等优点。定制家居中最核心的部分是定制家具，本章节我们将以定制家具为主体，重点讲解定制家居的常见材料。协助定制家具实现使用功能的是它的五大基本组成结构，分别是柜体材料、五金配件、装饰线条、辅助型材和智能组件，如图4-1所示。

图4-1　定制家具的基本构成（图片来源：好莱客家居）

4.1　柜体材料

定制家具大多由木质板材组成，板材承载家具活动，决定家具使用寿命。一块完整的家具板材是由基材、饰面材料和封边材料三部分组成（图4-2），三者的结合能确保家具表面性能完好，达到美观、实用、环保的效果。

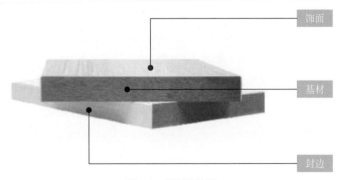

图4-2　板材结构图

4.1.1 基材

基材是没有经过表面装饰的裸板。大多以木质材料为主，主要有人造板类和实木类。其中人造板类包括胶合板、颗粒板、定向刨花板、纤维板、细木工板和指接板；也有其他植物纤维类人造板，如以麦秸秆为基材的禾香板。

现今市面上的板材被企业赋予了丰富内涵，只有在了解基材材性的基础上，才能更好地辨析形形色色的板材，物尽其用。

4.1.1.1 胶合板

定义： 胶合板也称多层实木板、夹板、合板或厘板，根据胶合板的层数可直接命名，如三夹板、五夹板、七夹板或三合板、五合板或三厘板、五厘板等都是，其结构决定了层数必须是奇数（图4-3）。

工艺： 是将原木旋切成木皮单板（图4-4），再将单板按相邻纤维方向互相垂直的原则组成三层或多层（奇数层）板坯，涂胶热压而制成的人造板。

图4-3　多层实木板　　　　　　图4-4　木皮单板

特点：

① 木材的缺陷被除去、分散或加以覆盖，结构对称，材质比较均匀；

② 由于纵横胶合、高温高压，使用中不容易产生开裂、翘曲等缺陷，握钉力也强，多次拆装使用也不受影响。

③ 不受原木直径的限制，能制成幅面很大的平面或曲面形状，并且还保留了木材天然的纹理和真实感，是最接近实木板材的人造板。

用途： 多层实木板尤其适合幅面大的部件，如各种柜类家具的面板、旁板、背板、顶板、底板等（图4-5）。胶合板的厚度规格范围为2.7～6mm（6mm以上以1mm递增），3mm的用来做有弧度的吊顶，9mm、12mm的多用来做柜子背板、隔断、踢脚线。

4.1.1.2 刨花板

定义： 刨花板是最常见的家具基础材料，定制家居行业中常称其为"颗粒板"。颗粒板

■ 实木部分　　■ 多层实木板部分

衣柜的顶板、面板、侧板、背板、底板均采用多层实木板，其环保性更高，耐高温高压，防变形开裂性好。

多层实木板

图4-5　多层实木板应用案例

在普通刨花板的工艺基础上细化刨花形态，使板面和板边更加致密，是一种均质刨花板。

工艺：传统的刨花板是利用小径木、木材加工剩余物（板皮、截头、刨花、碎木片、锯屑、稻草等）、采伐剩余物和其他植物性材料加工成一定规格和形态的碎料或刨花，施加一定量胶黏剂，经铺装成型热压而制成的一种板材（图4-7）。

特点：

① 常用厚度规格范围为4～30mm，具体厚度需双方协商确定；

② 其表面平整，可按需要加工成相应厚度及大幅面的板材；

③ 板内木质纤维颗粒较大，更多地保留了天然木材的本质；

④ 隔音隔热性能好，有一定的强度；易于加工，价格低廉；

⑤ 裸板暴露在空气中，易吸湿变形；

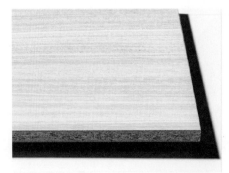

图4-6　带贴面的实木颗粒板
（图片来源：天之湘）

图4-7　普通刨花板

⑥ 平面抗拉强度低，用于横向构件如固定层搁板，易产生下垂变形等。

用途：实木颗粒板在板式家具行业受到愈来愈多消费者的追捧，市场份额逐年上升，是一种新型环保的基材（图4-8）。可广泛用于柜体的各板件部位。

柜体板材采用18mm的实木颗粒板

图4-8 实木颗粒板应用案例

4.1.1.3 定向刨花板

定义：定向刨花板也称欧松板，英文缩写是OSB，是一种特殊的刨花板。

工艺：应用施加胶黏剂和添加剂的扁平窄长刨花（图4-9）经定向铺装后热压而成的一种多层结构板材（图4-10）。

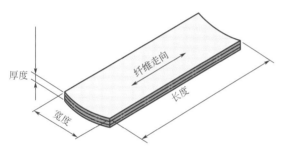

图4-9 扁平窄长刨花

图4-10 定向刨花板

图4-11 定向刨花板应用案例

特点：

① 力学性能优良、性能可调控、性价比高。

② 其性能与胶合板相似，常代替胶合板做结构材使用。

用途：

可应用于家具的受力构件，作为橱柜侧板、搁板、桌椅面板等（图4-11）；也可用作厨房家具的结构板，房屋建筑用衬板、室内嵌板、隔热板、吸音板、天花板。

在美国和加拿大，定向刨花板生产线规模大，数量多。在我国，定向刨花板在定制家居行业中应用较少，目前尚处于市场开发阶段。

4.1.1.4 纤维板

定义：纤维板也称密度板，分为低密度（ $< 0.45 \text{kg/m}^3$ ）、中密度（ $0.45 \sim 0.88 \text{kg/m}^3$ ）和高密度（ $> 0.88 \text{kg/m}^3$ ），密度越低，板孔隙越大。定制家具板材常用的是中密度纤维板，即中纤板（MDF）。

工艺：以木质纤维或其他植物纤维为原料，经纤维制备，施加合成树脂，在加热加压条件下，压制成厚度不小于1.5mm的板（图4-12）。

(a) 纤维板基材　　　　　　(b) 带贴面纤维板

图4-12　纤维板（图片来源：天之湘）

特点：

① 纤维板幅面大，尺寸稳定性好，主要用于成品家具的制作，厚度可在较大范围内变动；

② 韧性较好，在厚度较小（如6mm，3mm）的情况下不易发生断裂；

③ 平整细腻光滑，便于直接胶粘贴各种饰面材料、涂饰材料和印刷处理；

④ 材质细密，适合锯截、开榫、钻孔、开槽、镂铣成型和磨光等机械加工；

⑤ 防潮性较差，强度不高，做家具的高度不能过高，绝大部分为2100mm；

⑥ 因其内部结构特性，用胶量较大，环保系数取决于施胶的质量。

用途：

① 用于定制家具的背板、抽屉底板，5mm板等尺寸可以自定；

② 适合用于定制家具柜体有雕花要求的柜门，如吸塑门和压塑门（图4-13）。

4.1.1.5 细木工板

定义：细木工板，俗称大芯板，是具有实木板芯的胶合板。

工艺：由两片单板中间胶压拼接木板而成（图4-14），是特殊的胶合板，所以在生产工艺

优质桦木

优质中纤板，表面涂环保油漆

图4-13　中纤板应用案例

中也要同时遵循对称原则，以避免板材翘曲变形。

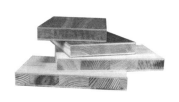

(a) 木工板基材   (b) 带贴面木工板

图4-14　细木工板（图片来源：天之湘实木生态免漆板）

特点：作为一种厚板材，细木工板具有普通厚胶合板的漂亮外观和相近的强度，但比厚胶合板质地轻、耗胶少、投资省，并且给人以实木感，满足消费者对实木家具的渴求。

用途：适合用来制作木门及门套，柜门扇、壁板、桌面板等（图4-15）。

4.1.1.6　指接板

定义：又名集成板、集成材、指接材。

工艺：是将经过深加工处理过的实木小块像"手指头"一样拼接而成的板材，由于木板间采用锯齿状接口，类似两手手指交叉对接，故称为指接板（图4-16）。

特点：

① 由于原木条之间是交叉结合的，这样的结合构造本身有一定的结合力，又因不用再上下粘表面板，故其使用的胶极其微量；

② 指接板常见厚度有12mm、15mm、18mm三种，最厚可达36mm。

用途：

图4-15　细木工板应用案例（图片来源：宅森堡家具）

图4-16　指接板

指接板与木工板的用途一样，只是指接板在生产过程中用胶量比木工板少得多，所以是较木工板更为环保的一种板材，目前已有越来越多的人开始选用指接板来替代木工板。

4.1.1.7 禾香板

定义：植物纤维刨花板。

工艺：以农作物秸秆碎料为主要原料，施加MDI胶及功能性添加剂，经高温高压制作而成的一种人造板（图4-17）。MDI生态胶黏剂，是MDI下游产品的一种，利用MDI生态黏合剂替代脲醛树脂，与农作物秸秆发生化学反应制成禾香板。

特点：

图4-17　带装饰面的禾香板（图片来源：天之湘板业）

① 平整光滑、结构均匀对称、板面坚实，具有尺寸稳定性好、强度高、环保、阻燃和耐候性好等特点；

② 具有优良的加工性能和表面装饰性能，适合于做各种表面装饰处理和机械加工，特别是异形边加工。

用途：禾香板可以缓解森林资源过度开发面临的问题，而且由于禾香板不释放甲醛，将有望发展成为最具市场发展潜力和产业化前景的产品。

4.1.1.8 特殊基材

以上几种基材是较为常见的类型。市面上还存在一部分新兴名称的板材，由企业定义并具有技术创新意义。这些板材一方面作为营销亮点，另一方面也丰富了消费者的选择。下面介绍几种新兴的板材，见表4-1。

表4-1　几种新兴板材的特点

项目名称	生态板（免漆板）	康纯板	原态板	磨砺板（魔力板）	美合板
特点	是以颗粒板、纤维板、细木工板和指接板等作为底材，板面铺装有印刷装饰纸或三聚氰胺浸渍胶膜纸的板材	采用木质纤维或原木颗粒为原料，在基材制造过程中采用无醛添加黏合剂合成的一种绿色环保板材，即环保系数高的纤维板或刨花板	采用树木纤维材料，搭配最佳的板材MDI胶水配比压制而成的人造板材，是一种环保系数高的纤维板	是以颗粒板为底材，板面铺装有三聚氰胺浸渍胶膜纸，再利用强紫外线固化而成，拥有出色的硬度与光泽，有效解决褪色问题，耐刮划，耐酸碱，不变形	是采用的不溶于水的异氰酸酯（MDI）无醛胶黏剂生产的欧松板（OSB），拥有超强的防水、防潮性能，是目前市场上高等级的绿色环保装饰板材
代表品牌	天湘板业	索菲亚家具	好莱客家具	皮阿诺家具 维意家具	华立

4.1.2 饰面材料

基材裸板分为上下两个表面和四围的边。上下两个表面采用饰面材料进行贴面，经过饰面的板材常被称为饰面板。

市面上常用的饰面材料主要有实木皮、装饰纸、面料等。

4.1.2.1 实木皮

定义：是原木旋切成的实木皮，用于基材表面装饰。

装饰过程：将实木皮经高温热压机贴于中密度纤维板、刨花板和多层实木板上，表面再进行涂饰。

类型：天然木皮、科技木皮。

科技木皮（图4-18），是一种特制的实木皮。科技木皮的原料是天然的普通木材或人工种植的速生林，按照特殊纹理和颜色需求经过上色、再造等处理加工而成，达到与天然珍贵木皮相似的木色和纹理。其本质仍是原生木木皮。

图4-18　科技木皮（图片来源：凯源木业）

特点：

① 天然木皮有进口与国产之分，名贵木材与普通木材之分，可选择范围较大，根据实木皮的材质种类及厚度可以决定实木贴皮饰面板档次的高低，表4-2中介绍了几种常见的木皮树种；

表4-2　常见的天然木皮

	柚木Teak 高级进口材，油性丰富，线条清晰，色泽稳定，装饰风格稳重。属装饰家居不可或缺之高级材料		胡桃木Walnut 产于美国、加拿大之高级木材。色泽深峻，装饰效果稳重。属于高级家具特选材料
	白橡White Oak 色泽略浅，纹理淡雅。直纹虽无鲜明对比，但却有返璞归真之感。山纹隐含鸟鸣山幽。装饰效果自然		红橡Red Oak 主要产于美国。纹理粗犷，花纹清楚，深受欧美地区人士喜爱
	白榉White Beech 材质精炼，颜色清淡，纹理清晰，装饰效果清新淡雅		水曲柳Ash 产于美洲与中国东北的高级木材。花纹漂亮，直路纹路浅直，山纹颜色清爽，装饰效果自然
黑胡桃树榴 Walnut Burl	白杨树榴 Mappa Burl	枫木 Maple	花梨 Bubinga

② 天然木皮表面须做油漆处理，因贴皮与油漆工艺不同，同一种木皮易做出不同的效果，所以实木皮贴面对贴皮及油漆工艺要求较高；

③ 科技木皮纹理真实自然，花纹繁多，没有色差，幅面尺寸较大。

发展：实木皮饰面板因其手感真实，自然，档次较高，是目前国内外高档家具采用的主要饰面方式，但相对材料及制造成本较高。

4.1.2.2　装饰纸

定义：原纸印刷后贴在人造板表面（主要作用是印刷图案的载体），然后喷涂涂料；或原纸印刷后，浸渍树脂并干燥制成胶膜纸，在高温条件下压贴在板材表面上，对人造板起装饰和保护的作用。

类型：无浸渍装饰纸、三聚氰胺浸渍装饰纸。

（1）无浸渍装饰纸

定义：可显色或印刷有木纹和其他图案、没有浸渍树脂的纸。

种类：华丽纸、宝丽纸。

宝丽纸是在原纸上直接油墨印刷，华丽纸是在宝丽纸基础上辊透明油漆。

装饰过程：用于胶合板、纤维板、细木工板等基材表面，贴面时需要胶黏剂，华丽纸贴面后不需要表面涂饰处理，宝丽纸贴面后一般需要表面涂饰处理（图4-19）。

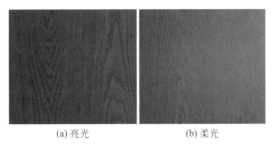

(a) 亮光　　　　　　　　(b) 柔光

图4-19　宝丽板

特点：

① 表面光亮，色泽绚丽，花色繁多；

② 耐酸防潮；

③ 耐磨性不高，而宝丽纸比华丽纸耐磨。

（2）三聚氰胺浸渍装饰纸

定义：带印刷木纹或者图案的装饰原纸，放入三聚氰胺树脂浸渍，制作成三聚氰胺饰面纸。

种类：低压三聚氰胺饰面纸、高压三聚氰胺饰面纸。

装饰过程：经高温热压在板材基材上。由于它对板材的基材表面平整度要求较高，故通常用于刨花板和中密度纤板的表面饰面（图4-20）。

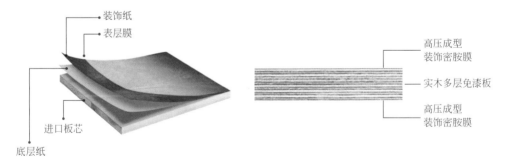

图4-20　三聚氰胺饰面板（图片来源：左选自网络，右选自天之湘板业）

特点：

低压三聚氰胺饰面纸，纸面印有木纹，浸渍低压三聚氰胺树脂，适于采用低压法贴面。

① 比传统的木材贴面更环保，不含甲醛，且花色多变；

② 具有耐磨、耐腐、耐热、耐刮、防潮，易于清洗等诸多优点，常用于桌类等耐磨性要求高的家具和橱柜门板。

高压三聚氰胺饰面纸，一般是由表层纸、装饰纸、基纸（多层牛皮纸）三层构成（图4-21）。

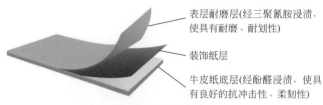

表层耐磨层(经三聚氰胺浸渍，
使具有耐磨、耐划性)

装饰纸层

牛皮纸底层(经酚醛浸渍，使具
有良好的抗冲击性、柔韧性)

图4-21　高压三聚氰胺饰面纸

发展：消费者对纸基类饰面材料的要求是实用而美观，其中影响纸基饰面材料内在性能的关键在于原纸。浙江夏王纸业有限公司是装饰原纸行业知名企业，其供应的高档纸基类饰面装饰原纸品类丰富，有超过200多种产品。以该公司产品为例，装饰原纸的种类主要包括：素色纸、印刷原纸、数码喷绘原纸、预浸胶纸、表层纸、平衡纸等。

素色纸为表面颜色单一的装饰原纸，其品种齐全，涵盖白、米、灰、黑等主流色系，有超过100多种产品，能够极大地满足市场需求（图4-22）。

图4-22　素色纸成品展示（图片来源：夏王纸业）

印刷原纸主要是在装饰原纸表面进行印刷加工，印刷出各种具有饰面装饰效果的花纹图案。在行业内，夏王印刷原纸因颜色丰富、品质优良，具有绝佳的油墨适应性及6级以上的耐光色牢度，而受到广泛认可，且可以结合下游客户的需求实现液体喷涂、同步、单色印刷、指标定制（图4-23）。

数码喷绘原纸主要是利用数码喷印的原理,得到清晰度更好、色彩还原度更高的图饰面，从而满足客户个性化和差异化的需求，成为引领定制家居板材表面装饰的新趋势（图4-24）。

预浸胶纸是指纸张内含有一定比例人工树脂的装饰原纸，经过印刷、光油涂层加工，可满足定制家居行业同色配套、一次成型、异型包覆、环境友好型等要求（图4-25）。

表层纸是一种提高饰面材料耐磨性能的原纸，经过浸渍和喷涂三氧化二铝，可以极大地满足定制家居行业饰面材料的耐磨系数要求。

平衡纸经过三聚氰胺树脂浸渍，高温高压处理贴于木板底层，目的是平衡板材应力，防止翘曲变形,以保证板材的平整度。

图4-23　印刷装饰原纸成品展示（图片来源：夏王纸业）

图4-24　数码喷绘原纸成品展示　　　　　图4-25　预浸胶纸成品展示
　　　（图片来源：夏王纸业）　　　　　　　（图片来源：夏王纸业）

4.1.2.3　面料

定义：面料是用于贴在物件表层的材料。作为局部软装饰，既美观又能中和板材的硬朗感。

分类：布料和皮料（图4-26）。家具布料有棉质布料、纤维布料、尼龙布料、聚酯纤维等。皮料主要分为人造皮和真皮，人造皮主要为超纤皮、环保皮、西皮、仿皮等，真皮又包括猪皮、羊皮、牛皮等。

特点：布料价格便宜、花色多样、舒适透气，而皮料奢华、易清洁。

4.1.3　封边材料

板材的辅料，也称封边条。常见的有PVC、ABS、PP、三聚氰胺、实木皮、铝合金等，新型的有3D封边条、激光热风封边条。

对板材的断面进行固封，可以免受环境和使用过程中的不利因素（主要为水分）对板材的破坏以及阻止板材内部的甲醛挥发，同时达到加固板材、装饰美观的效果。要求高的板材四个边都进行封边处理，而不只是封消费者能看到的一边或两边。

从家具使用过程中看，板材出现脱胶现象受很多因素的影响，封边条收缩是其中的

<table>
<tr><td>(a) 皮料（犀牛皮）</td><td>(b) 布料（藏青灰）</td></tr>
</table>

图4-26 板式家具面料（图片来源：天之湘板业）

因素之一。封边条受热变形，端口出现缝隙，导致热熔胶固化失去黏性引起脱胶。因此部分厨房家具对封边条的耐热性有一定要求。

4.1.3.1 PVC封边条

定义：以PVC作为原材料的封边条。PVC即聚氯乙烯。

特点：

① 质量不稳定。在生产的时候，为了减低成本会适量地加入填料碳酸钙粉，但在修边后会出现白边，修边后色差十分明显；

② 容易老化和断裂；

③ 可以进行压纹和油墨印刷的工艺处理，满足顾客不同需要；

④ 较高连续使用温度为65 ～ 85℃。

图4-27 PVC封边条（图片来源：华立封边条）

发展：目前国内板式家具封边条普遍采用PVC塑料封边条，其中以华立PVC封边条尤为出色（图4-27）。其厚度由0.4mm到3mm，选择范围广；2mm以上的厚片同步可以做侧面装饰；韧性好，立体压纹选择方案多。

4.1.3.2 ABS封边条

定义：以ABS树脂作为原料的封边。ABS是新型封边材料，丙烯腈（A）、丁二烯（B）、苯乙烯（S）三种单体的三元共聚物。目前国际上最先进的材质之一，被少数高端品牌采用。

特点：

① 用它制成的封边条不掺杂碳酸钙，修边后显得透亮光滑，不会出现发白的现象；

② 原料考究，环保无污染；

③ 不变色，不易断裂，封边后热熔胶缝小，不会粘灰；

④ 虽然有较好的耐热性，但由于其韧性不及PVC和PP好；

⑤ 较高连续使用温度为85～110℃。

发展：ABS树脂制作成本较高，在市场推广中比同等规格的PVC封边条价格高1倍左右。华立ABS封边条色牢度大于4级，不受光照因素影响，可保证家具历久常新（图4-28）。

图4-28 ABS封边条（图片来源：华立封边条）

4.1.3.3 PP封边条

定义：以PP作为原材料的封边条（图4-29）。PP也称聚丙烯，是一种无毒安全的材料。

特点：

① 耐热性极好，是能在水中煮沸，并能经受超过100℃的消毒环境的塑料品种；

② 还有很好的抗化学腐蚀性能，其着色性能要优于ABS；

③ 较高连续使用温度可达120℃。

发展：现在越来越多的包装袋、包装瓶等更倾向于选择PP材料作为原材料，甚至在水管、塑料薄膜的制作上，也越来越多地使用PP材料。目前华立是国内首家研发和生产的厂家，可生产厚度0.4～1mm，宽度15～620mm；原材料达到食品级的安全标准，符合对环保要求极高的客户需求。

4.1.3.4　三聚氰胺封边条

定义：也称纸封边或纸塑封边条，装饰纸表面印刷花纹后，放入三聚氰胺树脂浸渍，制作而成的封边条。

特点：

① 易粘，遇冷热不易伸缩不易变形；

② 特性较脆易折，在家具生产或搬运中易撞坏。

发展：适用范围与PVC封边条基本相似，但以对防火板的封边最佳。高质量的三聚氰胺封边条，如华立纸塑封边条，会采用德国原装纸为底材，环保，更有原木质感（图4-30）。

4.1.3.5　实木条

定义：实木皮经加工可成厚度为0.5mm，宽度为5～300mm之间任意规格的无限延长卷状封边产品。

特点：

① 具有封边效果好，方便快捷，利用率高等特点；

② 这类封边条会在背面胶贴无纺布以增加木皮强度，防止木皮破裂，且指接长度为2000mm/卷，所以可在封边机上连续使用，提高工作效率，修边整齐，解决了单根木皮封边的所用缺点（图4-31）。

发展：主要使用于贴木皮的家具上，适用于实木复合家具及实木复合门部件的机械封边。

图4-29　PP封边条
（图片来源：华立封边条）

图4-30　三聚氰胺封边条
（图片来源：华立封边条）

图4-31　枫木皮封边条

4.1.3.6 铝合金

定义：铝合金封边条。

特点：

① 颜色可分为素色封边条和木纹封边条（图4-32）；

② 一般用于橱柜门板；与其他封边条相比，铝合金硬度更高，耐磨、耐脏、抗老化、防潮性能更突出；

③ 应用在异形部位如转角时，其弯曲性不够灵活；

④ 它接触板材的那一面往往不是平整的，更多为"E"形、"U"形、"L"形，增大与板材的接触面积，使结合更加牢固（图4-33）；使用时可配搭相应的胶水。

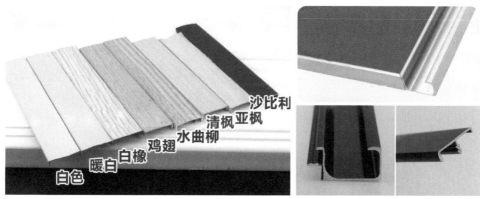

图4-32　铝合金封边条 　　　　　　图4-33　"E"型、"U"型铝合金封边条

4.1.3.7 3D封边条

定义：以透明材料为底材，采用底层印刷的一种封边材料（图4-34）。

特点：

① 可做出镜面效果，亮度高；

② 与面材过渡自然，封边整体效果完美；

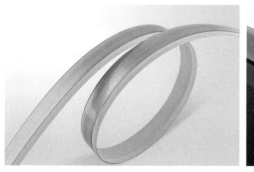

图4-34　3D封边条及效果图（图片来源：华立封边条）

③ 黏合性极好；

④ 产品阻燃性好，安全可靠。

发展：3D封边条是近年来国际新潮流的高档镜面封边条。

4.1.3.8 激光热风封边条

定义：在常见的封边条材质上，提前涂好适当厚度的具有黏合作用的高分子胶质功能层，利用激光技术和热风封边技术作用于胶层加工生产得出的封边条。

特点：

① 优化了生产工艺，省去预热时间及热熔胶，提高了生产效率；

② 封边后外观无胶线，真正达到无缝黏合。

发展：华立在国内首家推出主要用于ABS材料的激光热风封边条，厚度1mm以上效果更佳（图4-35）。

 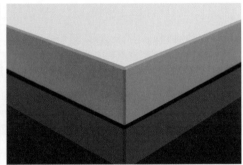

图4-35 激光热风封边条及效果图（图片来源：华立封边条）

4.1.4 饰面工艺

4.1.4.1 吸塑

定义：吸塑又称模压，一般是用中密度板为基材，表面经过打磨平整、做好造型后，经过真空吸塑机，用热塑的方式将PVC吸塑膜吸压在基材上的一种工艺（图4-36）。

工艺要点：吸塑出来的板材是单个表面和四条边被覆贴膜，其表面要经过除尘工艺，且装饰膜较厚。行业中衡量吸塑膜厚度的单位是"丝"，1丝=0.01mm。

特点：

① 抗划耐磨性能突出；

② 颜色取决于PVC膜皮，理论上应该有无数种颜色与纹理的搭配，但实际上膜皮生产厂家生产出来的膜皮颜色和纹理还是有限；

③ 尽管很实用，但是容易出现变形的问题。

发展：吸塑工艺一般用于有塑型要求的中纤板，可以生成各种立体造型，能够满足不同客户对风格的不同需求（图4-37）。

 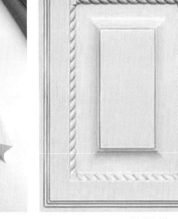

图4-36 吸塑过程 图4-37 吸塑门板

4.1.4.2 包覆

定义：包覆门板，也可以称为五合一门板，它是由已经包覆好的四根边框和一块芯板拼接而成，边框和板芯是360度包覆工艺，包覆方式是黏合，包覆材料一般为PVC（图4-38）。

分类：现在有高密度包覆、铝合金包覆、实木包覆。

工艺要点：包覆门板不是整块木板制作的，不是只在表面做个凹槽造型或者其他造型，而是边框和中间造型部分分开制作。

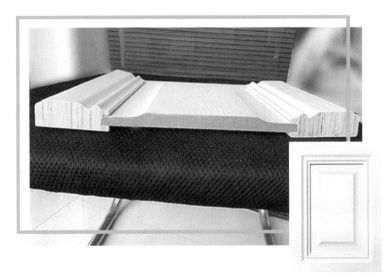

图4-38 包覆门板

特点：

① 优点是正反面与柜体同色（6面包覆）、环保、不开裂、变形率小、层次分明、立体感强，是免漆装饰材料；

② 缺点是包覆门板怕磕怕碰，一旦损坏不易修复，价格高。

4.1.4.3 烤漆

定义：一种在基材表面喷漆后经过进烘房加温干燥的处理，加工后的板材称为烤漆板。

分类：可分亮光、亚光及金属烤漆三种（图4-39）。

工艺要点：多以中纤维板为基材，表面经过六次喷烤进口漆（三底、二面、一光）高温烤制而成。

特点：色彩亮丽，易于造型，美观时尚，防水性好，抗污能力强，易于清理。但其容易被划损和磕碰，损坏后维修难，而且价格较高。

发展：常用于橱柜门板（图4-40）。比较适合对外观和品质要求比较高，追求时尚的年轻高档消费者。

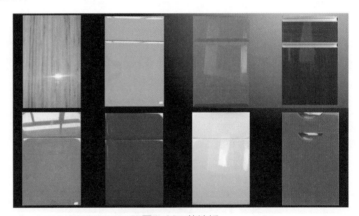

图4-39　烤漆板

图4-40　烤漆板应用案例（图片来源：皮阿诺定制橱柜）

拓展：在普通烤漆板的基础上，优化工艺，出现新型烤漆板UV烤漆板。UV烤漆板面使用专门的UV漆，成品具有普通烤漆板的优点，而且更环保、更耐磨，在日常使用中更容易维护。

4.1.5 环保要求

人造板虽然替代实木被大量应用于定制家具，但相比天然木材还是存在环保健康的问题。发展至今，人造板的生产已经得到规范的监管，同时也可以对照行业和国家环保标准辨析家具用材的环保系数。

甲醛含量是板材检查的一个重要部分，室内用板材的甲醛释放量应符合国家标准《室内装饰装修材料人造板及其制品中甲醛释放限量》（GB 18580—2017）中的规定：室内装饰装修材料人造板及其制品中甲醛释放限量值为0.124mg/m³（气候箱法限量值），限量标识为E1。

此外，国际上还有NAF、JAS、欧洲标准E0等标识用于对甲醛释放量的限量（图4-41）。市场比较普遍的E级，分为E0、E1、E2三个等级。甲醛限量严格等级比较结果是：NAF > F4星 > E0 > E1（排名越前越等级越高）。

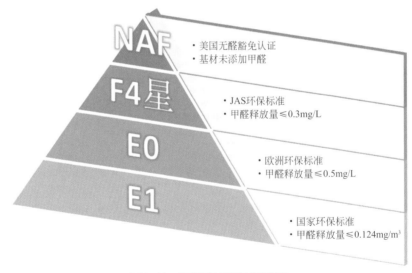

图4-41　甲醛释放量限量标识等级

4.2　五金配件

定制家具易拆装，操作灵活，是因为配置了合适的五金配件。五金配件功能强大，涵盖范围广，大体分为以下几个类别：锁、连接件、铰链、滑轨、位置保持装置、高度调节装置、支承件、拉手和脚轮。

4.2.1 锁

定义：指加在门、箱子、抽屉等物体上的封缄器，要用专用的钥匙才能打开。锁具一般由锁芯、轴承锁体、锁舌和钥匙组成。

类型：根据锁具使用的场所，可以分为抽屉锁和柜门锁。

发展：随着科技的发展，锁的表现形式和使用方式都发生了很多变化，除用钥匙开启外，还可以用光、电、磁、声及指纹等指令开启。

4.2.1.1 抽屉锁

（1）独立锁

定义：锁头单独作用，一把锁锁一个空间的这种是市面上最常见的加锁形式（图4-42），也是最早用于保护私人财物的方式。

类型：锁头按锁舌形状分为方舌锁和斜舌锁（图4-43）。

结构：

斜舌，其斜面设计与内部的弹簧部件完全为了方便关闭，但由于结构也方便了"开启"，方舌与斜舌不同的是，其不含弹簧部件，因此不能够自动弹出，也不会因为外力而缩进。

方舌，通过开门锁门的动作来控制，其固定性较强，也因为此特性，我们必须通过操作使方舌发挥作用。这也就是为什么现在国内大多数外门门锁均使用斜舌与方舌的搭配。

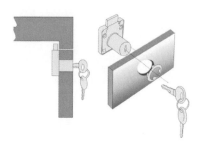

图4-42 独立锁

(a) 方舌锁 　　 (b) 斜舌锁

图4-43 不同形状锁头

（2）连锁系统

定义：在多屉柜中，常采用一种连锁系统，也称中心式锁紧系统。它利用导轨上多个制动销分别锁紧各抽屉，而又只用一个锁头，一次锁多个抽屉（图4-44）。

类型：连锁有两种安装形式，即正面锁和侧面锁。

结构：正面锁，锁头在抽屉正面，导轨装在旁扳上（图4-45）；侧面锁，锁头与导轨同时装在旁板上（图4-46）。

使用方法：锁卡片准确安装于抽屉侧板，工作时旋转锁芯，锁头牵动连杆上下移动，即

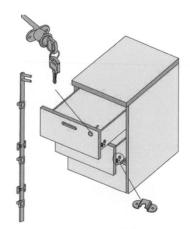

图4-44 连锁系统

可把几个并列的抽屉完成开启、关闭功能。

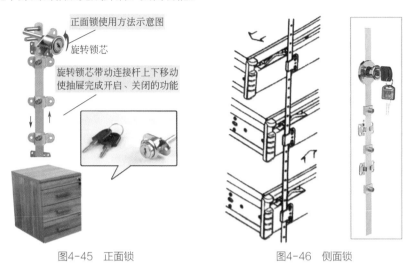

图4-45　正面锁　　　　　　　　　　　　图4-46　侧面锁

4.2.1.2　柜门锁

定义：加在柜门上的锁具。

类型：根据开门的形式可分为单开门锁、双开门锁和移门锁（趟门锁）（图4-47）。

结构：单开门锁、双开门锁和移门锁都包括锁芯和钥匙，但双开门锁多一个锁扣（图4-48）。

使用方法：

单开门锁、双开门锁与移门锁的安装，只需在门板面板上开圆孔，用螺钉固定（图4-49

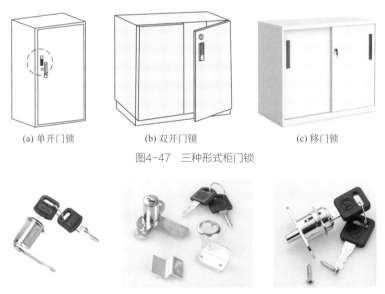

(a) 单开门锁　　　　　　(b) 双开门锁　　　　　　(c) 移门锁

图4-47　三种形式柜门锁

图4-48　单开门锁、双开门锁、移门锁结构

和图4-50），双开门锁还需在对门板安装锁扣；锁芯的转动牵动锁扣即可以完成开启、关闭功能。

合适安装的对开柜

柜中间隔离板

这类柜子不能安装

图4-49　柜门锁

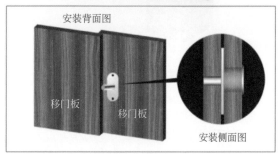

安装背面图

移门板　移门板

安装侧面图

图4-50　移门锁

4.2.1.3　智能锁

定义：基于微电子技术的应用，可智能化控制锁芯完成开启与关闭功能的锁具。

类型：出现了磁控锁、声控锁、超声波锁、红外线锁、电磁波锁、电子卡片锁、指纹锁、眼球锁、遥控锁等一系列科技含量高的锁具（图4-51）。现代锁还在特定的系统中，按设定的逻辑关系实现系统的程序控制，如密码锁（图4-52）。

发展：针对锁具的开启方式出现了很多改造，这些锁具有机械结构所无法比拟的高保密性能。

图4-51　海蒂诗电子卡片锁

图4-52　海蒂诗密码锁

4.2.2　连接件

定义：定制家具中用于连接板与板并维持正常状态的五金件。

类型：连接件种类很多，其中紧固型连接件的比例很大。紧固连接件的品种较多，基本可以分为偏心连接件、螺钉连接件、背板连接件和特殊类型连接件。

特点：一般不展露在家具外部，隐藏式，使被连接的构件间不产生宏观上的位移，即把板件固定在特定的位置。

4.2.2.1　偏心连接件

定义：常用于旁板或侧板与水平板连接的连接件。

结构：常用的由偏心轮、螺丝连接杆、预埋螺母三个零件组成（图4-53），后期在传统的基础上还发展出很多不同的展示形式。

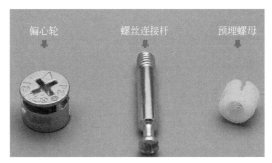

图4-53　偏心连接件零件图

类型：按照安装的形式可分为一字型偏心连接件、直角偏心连接件和异型偏心连接件，可以应用于板材之间不同的连接方式（图4-54）。

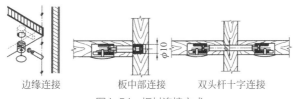

图4-54　板材连接方式

（1）一字型偏心连接件

定义：偏心轮与连接杆互相平行的偏心连接件，也称为RS（Rastex）系列，例如RS12/15/25，12/15/25指偏心轮的安装钻孔直径。

类型：最常见的形式是二合一、三合一和双头偏心连接件（图4-55）。

① 二合一偏心连接件

组成：偏心轮、螺丝连接杆。

使用对象：常用于搁板与旁板的连接。

是否能卸装：可以历经多次卸装。

特点：隐藏性好，牢固，美观实用。

安装与使用：偏心轮埋于一板端，连接杆拧入另一块要连接的板。在使用锁紧时，偏心自动对准拉紧，侧板不易发生移位变形的情况。

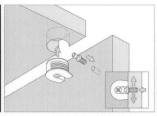

图4-55　二合一偏心连接件及安装方法

② 三合一偏心连接件

组成：偏心体、螺丝连接杆、预埋螺母（图4-56），其质量的好坏直接影响连接部件的牢固程度。

使用对象：常用于搁板与旁板的连接。

是否能拆卸：可以历经多次卸装。

特点：隐藏性好，牢固，美观实用。

安装与使用：

a. 把胶粒装入，板一"目标位置"；

b. 将螺杆安装于胶粒上并拧紧；

图4-56　三合一偏心连接件

c. 将偏心轮安装于板二的孔，对准螺杆并放于板一上；

d. 把偏心轮顺时针扭紧，拉紧螺杆。当顺时针拧转偏心轮时，吊杆在凸轮曲线槽内被提升，即可实现两部件之间的垂直连接（图4-57）。

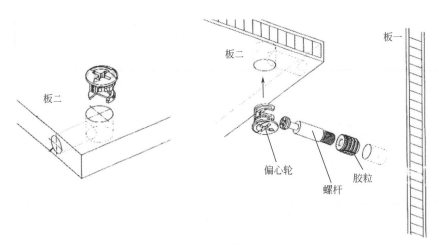

图4-57　三合一偏心连接件安装方法

拓展：在原有普通单头连接杆的基础上，还可以增加一个卡簧定位层，单头连接杆在打入胶粒时，能更好地进行深度定位，使安装层板时能够更好地进行卡位（图4-58）。

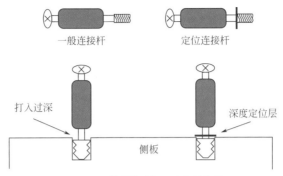

图4-58　普通单头杆、定位单头杆

③ 双头偏心连接件

组成：由一个螺杆和两个偏心轮组成。

使用对象：可以同时连接两块层板与侧板（图4-59）。

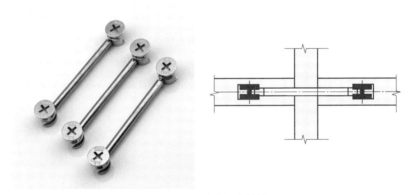

图4-59　双头偏心连接件

安装与使用：两个偏心轮分别安装在两块层板的"目标位置"，螺杆贯穿中间连接的侧板，两头的螺纹分别插入偏心轮中，顺时针拧紧偏心轮即可。

拓展：在传统的款式上进行了改进，得到新款双头杆（图4-60）。在连接两块层板与侧板时，双头杆能够更好地均分两头层板的孔位，彻底解决原普通双头杆因一头卡位过多，另一头卡位不到的现象（图4-61）。

图4-60　双头偏心连接件新款

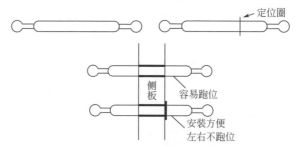

图4-61 双头偏心连接件工作原理图

（2）直角偏心连接件

定义：区别于一字型偏心连接件，直角型偏心连接件是偏心体与螺杆垂直，简称为VB系列。

组成：偏心体和螺杆。

使用对象：组合时互成直角的两块板。

特点：隐藏性好，牢固，美观实用。

是否能拆卸：可以历经多次卸装。

安装与使用：偏心体A平行预埋进横板D中，螺杆一端C旋进竖板中，把螺杆另一端B垂直嵌入偏心体中曲线槽中完成连接（图4-62）。

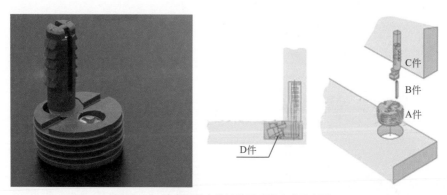

图4-62 直角型偏心连接件及安装方式示意图

（3）异型偏心连接件

定义：螺杆为异型非单杆的偏心连接件。

组成：包括螺母、螺杆和偏心体，只是螺杆经过特制，可自由活动（图4-63）。

使用对象：组合时不是T/L字形或者十字形的板材。

特点：隐藏性好，牢固，美观实用。

是否能拆卸：可以经历多次卸装。

安装与使用：异型偏心连接件的安装方式与一字型偏心连接件的连接方式类似。

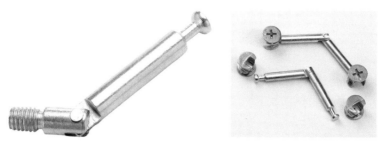

图4-63　异型偏心连接件

4.2.2.2　螺钉连接件

定义：通过螺钉组合拼接板件的连接件。

组成：螺丝、螺母。

使用对象：需要拼厚的两块板件。

特点：隐藏性好，牢固，美观实用。

能否拆卸：可以经历多次装卸。

安装与使用：如图4-64，这是连接两块板件的一种螺钉连接件。使用时，分别在需要拼接的两块板上选适当位置贯穿打孔，把螺丝和螺母分别穿过孔隙拧紧即可。

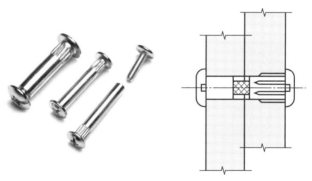

图4-64　螺钉连接件及安装方式示意图

4.2.2.3　背板连接件

定义：连接背板与旁板的一种连接件。

组成：本体、偏心轴、鹰嘴勾。

使用对象：连接背板与旁板。

特点：隐藏性好，牢固，美观实用。

能否拆卸：可以经历多次卸装。

安装与使用：连接件预埋在旁板后侧的背板槽旁，鹰嘴勾与背板槽对齐，当背板插入背板槽后转动偏心轴，鹰嘴勾在偏心轴的带动下向本体中心方向移动并扎入背板中，牢牢锁紧背板（图4-65）。

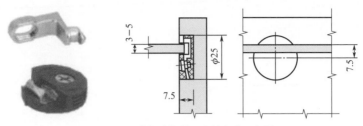

图4-65　背板连接件及安装方式示意图

4.2.2.4　其他连接件

除了常用以上的几种连接件外，还有一些用于特别场合的紧固连接件，如板件对接连接件（图4-66）。

图4-66　板件对接连接件、大班台连接件

4.2.3　铰链

定义：用来连接两个固体，并允许两者之间做转动的机械装置。

类型：铰链的品种很多，有合页、门头铰、玻璃门铰、杯型暗铰链、专用特种铰链等。

特点：操作简单，安全性高，稳定性强；其规格化、系列化、组装化特点符合定制家具的发展要求与趋势。

4.2.3.1　合页

定义：又名合叶，常组成两折式，是连接物体两个部分并能使之活动的部件。

使用对象：用于柜门。

材质：一般是金属如铁质、铜质和不锈钢质（图4-67）。

特点：操作简单灵活，一般显露于家具外部，两个为一对使用。

类型：不带弹簧铰链合页、带防尘条合页、自动回门弹簧合页等。

安装与使用：

（1）不带弹簧铰链合页

传统的款式是不具备弹簧铰链的功能，无法固定位置，只能通过手动完成柜门的开启与关闭功能。

图4-67　传统款合页

（2）带防尘条合页

　　由于部分木质衣柜门关闭时会出现缝隙，需要在门板间外加防尘条，因此，防尘合页的设计能很好地衔接门板和防尘条，灵活实用（图4-68）。

图4-68　柜门防尘合页

（3）自动回门弹簧合页

　　普通的合页安装于柜门后，只能协助使用者完成开门动作，而不具备自动关闭的功能。针对这一点进行改良，出现装有弹簧的自动回门弹簧合页（图4-69）。但需要开门后固定位置，可以使用改良后的具有自动定位功能的合页（图4-70）。

图4-69　自动回门弹簧合页　　　　图4-70　自动定位合页

4.2.3.2 门头铰

定义：用于连接两块门板的活动铰链（图4-71）。

使用对象：用于两个门板的上下端部。

材质：不锈钢。

特点：是一种隐藏式的铰链。门头铰链可以360°旋转。

类型：按照其连接点形状可以分为鸡嘴铰和圆嘴铰。

图4-71　鸡嘴铰、圆嘴铰

安装与使用：以鸡嘴铰为例，旋转两片铰链置于门板合适位置，用螺丝固定即可完成安装（图4-72）。使用时门板可以在限定角度内自由转动。

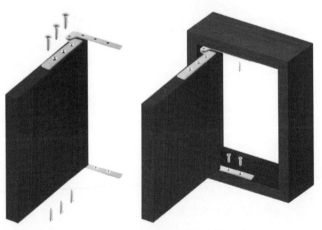

图4-72　鸡嘴铰安装示意图

（1）玻璃门铰

定义：连接柜板与玻璃门并能使之活动的连接件（图4-73）。

使用对象：柜板与玻璃门。

材质：不锈钢、合金、铜等金属。

特点：操作简单灵活，一般显露于家具外部，两个为一对使用；其工作原理与合页类似。

类型：圆珠玻璃门铰、单边夹玻璃门铰、双边夹玻璃门铰。

图4-73　玻璃门铰及安装方式示意图

安装与使用：

圆珠玻璃门铰的安装需要在玻璃上开孔，通过的圆珠带有螺纹杆，圆珠与玻璃之间有缓冲垫片。

由于玻璃钻孔不如木材方便，因此一些特殊款式的玻璃门铰可以克服玻璃钻孔不便的问题，即可直接把玻璃嵌进门铰里（图4-74）。

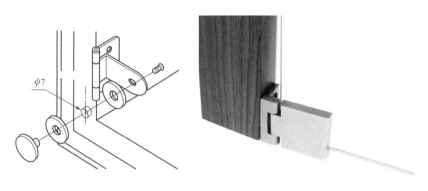

图4-74　玻璃酒柜门合页

（2）弹簧铰链

定义： 弹簧铰链是在合页的基础上演化出来的一种连接件。

组成： 铰杯、铰臂、底座（图4-75）。

使用对象： 连接门板与旁板（侧板）使之活动。根据门板与旁板（侧板）的状态可以分为全盖门、半盖门和内嵌门，如图4-76所示。

从门板开启角度分为94°、100°、107°、110°、120°、155°、170°等，常见的开启角度是100°、107°、110°，也有一些特殊角度，比如转角柜体的折叠门铰链，开启角度为60°；为避免柜体相撞，铰链还会使用角度限制器，常见的开启角度为86°（图4-77）。

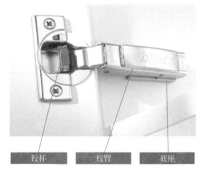

图4-75　弹簧铰链
（图片来源：百隆五金）

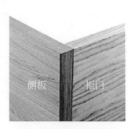

全盖：柜门能全部盖住侧板
柜门在柜体外侧

半盖：柜门盖住侧板一半柜
体俩侧都有门

内嵌：柜门没盖住侧板柜，
门在柜体内侧

图4-76 全盖门、半盖门、内嵌门

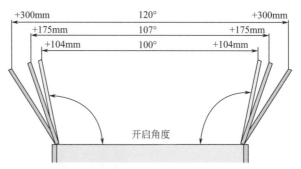

图4-77 门板开门角度（图片来源：百隆五金）

材质：不锈钢。

特点：具有回弹功能，由可移动的组件构成，或者由可折叠的材料构成。

类型：弹簧铰链分为基座和卡扣两个部分，根据卡扣的弯曲弧度分为直臂（直弯）铰链、中弯臂铰链和大弯臂铰链（图4-78）三种，分别适合于全盖门、半盖门和内嵌门。

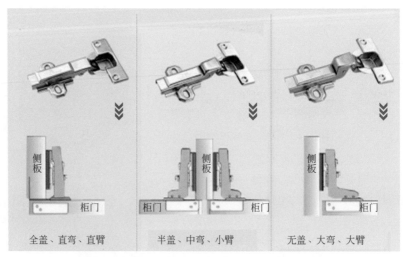

图4-78 直弯、中弯和大弯（图片来源：百隆五金）

直臂铰链的铰臂曲度为0mm，中弯铰链的铰臂曲度为9.5mm，大弯铰链的铰臂曲度为18mm。

安装：

① 铰杯跟底座常用的固定方式主要有三种：螺丝拧入式、按入胀紧式、机装压入式（图4-79）；

螺丝拧入式　　　　　　　　按入胀紧式　　　　　　　　机装压入式

图4-79　三种铰杯固定方式（图片来源：百隆五金）

② 从铰臂的固定方式来说，分为快装和插装（图4-80），快装能免工具并轻易地将门板跟柜体分离，目前市面上大多数使用快装铰链；

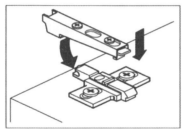

快装　　　　　　　　　　　　插装
（铰杯和底座的连接采用快装卡入式）　　（铰杯和底座的连接采用螺丝锁紧式）

图4-80　铰臂固定方式（图片来源：百隆五金）

③ 为调整门板缝隙平整，铰链可进行三个方向的调节，即高度调节、侧面调节、深度调节。具体如图4-81所示，注意在调节的时候需要上下每个铰链都要做相应的调节。

高度调节　　　　　　　　　■ 调节范围(+/-3mm)

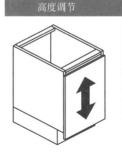 

图4-81

側面调节

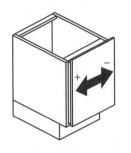

▪ 调节范围(+/-2mm)

深度调节

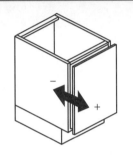

▪ 利用螺纹涡杆螺丝(+3mm/-2mm)

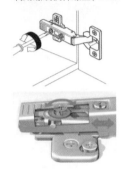

图4-81　铰链三维调节方式（图片来源：百隆五金）

使用：

① 在直臂铰链使用状态下，门板全部覆盖住柜侧板，两者之间有一个间隙，以便门可以畅顺打开，通常木工板厚度18mm，柜门能全盖住侧板（图4-82）；

② 在中弯臂铰链使用状态下（图4-83），两扇门共用一个侧板，它们之间有一个所要求的最小间隙，每扇门的覆盖距离相应地减少，需要采用小弯臂铰链，柜门能盖住侧板9mm，两个柜门共用一个侧板，是最为常用的规格；

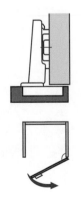

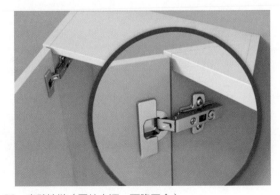

图4-82　直臂铰链（图片来源：百隆五金）

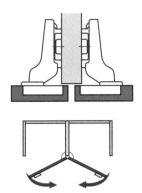

图4-83 中弯臂铰链（图片来源：百隆五金）

③ 在大弯臂铰链使用状态下（图4-84），门位于柜内，在柜侧板旁。它也需要一个间隙，以便门可以畅顺地打开。柜门内藏入柜，柜门与侧板齐平。是相对用得较少的规格。

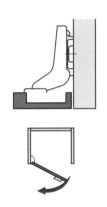
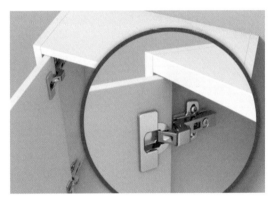

图4-84 大弯臂铰链（图片来源：百隆五金）

发展：随着技术愈发精湛，弹簧铰链的开发也逐步得到完善，大部分都具备液压阻尼功能，使得关门过程更加安全。液压阻尼利用液体的缓冲性能，缓冲效果理想，可实现消声缓冲的效果。

拓展：部分企业如百隆，开发出具有创新性与功能性结合的弹簧铰链系列，分别是MODUL插装铰链、CLIP top快装铰链以及CLIP to BLUMOTION快装集成阻尼铰链（图4-85）。

① MODUL插装铰链有较短的推移路径实现柜体面板的简易安装，三维调节使接缝和谐美观。内置脱卸安全装置使柜门随时保持稳固状态。

② CLIP top快装铰链依赖久经考验的CLIP快装技术，可快速完成面板的安装及拆卸，而且无需工具。

③ BLUMOTION快装集成阻尼铰链如手表工件般精准运行，如此一来，家具柜门便能够轻柔无声地关闭；BLUMOTION能够根据柜门的动态自行调整作用的大小。其中，还包括面板的负重以及被碰撞时所受到的冲击力；为了在较小或较轻的柜门上实现较好的动感效果，必要时也可关闭BLUMOTION阻尼功能（图4-86）。

(a) MODUL插装铰链

(b) CLIP top快装铰链

(c) CLIP to BLUMOTION
快装集成阻尼铰链

图4-85　百隆铰链系列（图片来源：百隆五金）

BLUMOTION 阻尼集成在铰杯中

为每扇柜门带来舒适、动感的
开合体验

可根据使用需求调整阻尼效果

图4-86　百隆BLUMOTION快装集成阻尼铰链功能（图片来源：百隆五金）

④ 其他特殊铰链

意义：根据特定场合设计的铰链，可以解决实际问题。

使用场合：厚门、窄边铝框门、玻璃门、镜子门、边框门、折叠门、平行门、翻门、角度门等（图4-87）。

(a) 厚门铰　　(b) 窄边铝框门铰　　(c) 玻璃门铰　　(d) 镜子门铰

(e) 边框门铰　　(f) 折叠门铰　　(g) 平行门铰　　(h) 翻门铰

(i) 角度门铰

图4-87　不同角度门铰（图片来源：百隆五金）

4.2.4　滑轨

定义：又称导轨、滑道、是指固定在家具的柜体上，供家具的抽屉或柜板出入活动的五金连接部件。

使用对象：适用于橱柜、家具、公文柜、浴室柜等木制与钢制抽屉等家具的抽屉连接。

材质：铁质（镀锌、加漆）、铜质、其他合金。

分类：应用于定制家具的滑轨主要分为抽屉滑轨、门板滑轨与其他特殊滑轨。

4.2.4.1　抽屉滑轨

定义：抽屉滑轨是供抽屉运动的、通常带槽或曲线形的导轨。

类型：根据滑轨运动方式大致分为滚轮式、滚珠式和齿轮式。

其中滚轮式滑轨已经逐渐被钢珠滑轨所代替，现大部分抽屉滑轨是滚珠式，部分高档家具采用齿轮式（隐藏式托底滑轨、骑马抽滑轨）（图4-88）。

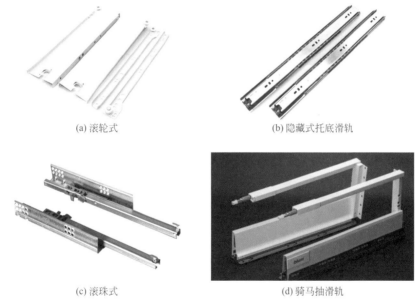

(a) 滚轮式　　　　　　　　　　　(b) 隐藏式托底滑轨

(c) 滚珠式　　　　　　　　　　　(d) 骑马抽滑轨

图4-88　抽屉滑轨（图片来源：百隆五金、海蒂诗五金）

特点：结构复杂但操作简单，一般两个为一组使用；导轨的运动一般是直线的往返运动，抽屉承载得越重，直线运行的精度越高，某些时候可以扭动。既有明式款也有隐藏款，可满足不同需求。

（1）滚珠式

结构：滑轨可以是二节或三节。二节滑轨由外轨和内轨组成，而三节比二节多了中轨，因而三节滑轨较普通款的二节滑轨可拉伸的长度多，承重力好（图4-89）。

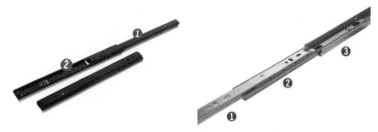

图4-89　两节钢珠滑轨和三节钢珠滑轨

双排实心钢珠设计，钢珠与轨道保持一定间隙，可保证轨道运行稳定（图4-90）；还带有压缩弹簧设置，转化运动时的能量，协助滑轨匀速进出轨道（图4-91）。

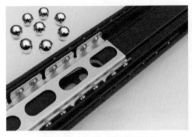

图4-90　滚珠滑轨细节图
（图片来源：海蒂诗五金）

图4-91　滚珠滑轨结构图
（图片来源：海蒂诗五金）

滑轨可配有缓冲器，液压阻尼缓冲取代了传统的齿轮缓冲器，关闭或按压反弹开启功能，能达到安静缓冲闭合的效果（图4-92）。

图4-92　具有阻尼功能的滚珠式滑轨（图片来源：海蒂诗五金）

另外，安全性强的滑轨还会带有自锁装置，在抽屉推回时锁住滑轨，防止在出现承载面倾斜、震动等非人为外力的情况下，出现内滑轨及中间滑轨自行滑出（图4-93）。

参数与选择：在选取滑轨时候需要考虑抽屉侧板的长度、抽屉拉出柜体的位置、抽屉侧板与柜身之间的间隙。

常见的抽屉导轨长度有250mm、300mm、350mm、400mm、450mm、500mm、550mm、600mm，每一种规格长度基本上按照50mm递增，也就是家具厂俗称的10in、12in、14in、16in、18in、20in、22in、24in八种长度，这八种规格可定为长度系列来确定抽屉侧板的

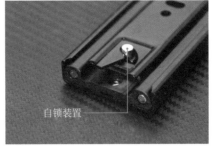

自锁装置

图4-93 带自锁功能的滚珠式滑轨（图片来源：顶固五金）

长度，也就是柜体的深度。以百隆导轨为例，常见的尺寸为250～550mm，适用于净深在253～553mm深的柜体。

根据抽屉拉出柜体的位置可分为全拉式抽屉和半拉式抽屉，全拉式抽屉指抽屉可以完全拉出柜体，半拉式抽屉指抽屉可以拉出柜体的80%，相对应的导轨分别为三节导轨和两节导轨，如图4-94所示。

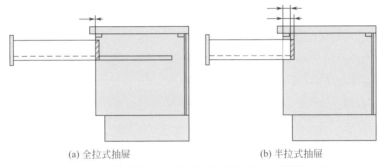

(a) 全拉式抽屉   (b) 半拉式抽屉

图4-94 全拉式抽屉和半拉式抽屉（图片来源：百隆五金）

抽屉侧板与柜身之间的间隙在12mm左右时应选择三节滑轨；间隙在10mm左右选择两节滑轨（图4-95）。

安装与使用：

较常见的是安装在抽屉侧面，外固定轨贴近柜侧板，内固定轨贴近抽屉侧板。安装较为简单，并且节省空间。

以三节滑轨为例（图4-96），其安装的方式如下：

① 对准轨道和抽屉位置，拧入螺丝固定双外固定轨于柜体上；

② 取下内固定轨；

③ 安装内固定轨于抽屉侧板上，并卡住中间固定轨平行趟滑入即可。

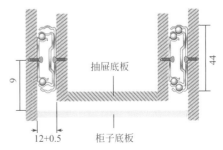

抽屉底板

柜子底板

12+0.5

图4-95 滑轨与抽屉配合尺寸图
（图片来源：百隆五金）

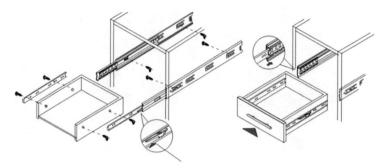

图4-96　三节滑轨安装示意图（图片来源：百隆五金）

两节滑轨安装方法类似。

（2）齿轮式

形式：有隐藏式托底滑轨、骑马抽滑轨等滑轨类型。

发展：属于中高档的滑轨，因价格比较贵，现代家具中也比较少见，所以不如钢珠滑轨普及，但是未来的趋势。以百隆企业为例，其开发的隐藏式托底滑轨、骑马抽滑轨产品技术领先，在中高档家具行业中被广泛采用。

① 隐藏式托底滑轨

结构：分为两个部分，前接码和导轨。导轨分二节轨与三节轨，分别对应半拉抽屉和全拉抽屉（图4-97）。

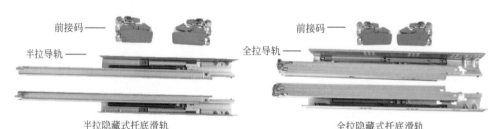

图4-97　隐藏式托底滑轨结构图（图片来源：百隆五金）

部分托底滑轨内置阻尼，轻盈静音关闭，如百隆TANDEM阻尼木抽导轨套装隐藏静音三节/二节托底滑轨采用环抱式尼龙滚轴设计，还配有防脱倒钩（图4-98）。

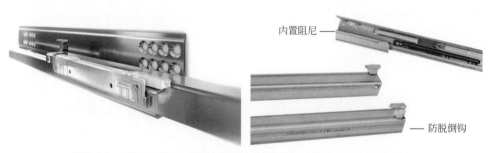

图4-98　百隆TANDEM阻尼木抽导轨套装结构图（图片来源：百隆五金）

参数与选择：隐藏式托底滑轨对抽屉的规格参数有所要求的，而且不同品牌托底滑轨的要求也不一致，要根据实际情况选择。

② 骑马抽滑轨

类型：分为低帮骑马抽、中帮骑马抽和高帮骑马抽，如图4-99所示。

图4-99　不同高度的全拉式骑马抽（图片来源：百隆五金）

结构：

由一副导轨、左右抽帮、前后接码组成，中帮、高帮款可带扶杆和玻璃或金属插板；前面板、后背板和底板需自行配备。

以百隆TANDEMBO X antaro豪华金属抽方杆抽为例，其基本组件包含前/后接码、导轨、金属抽帮，如图4-100所示。

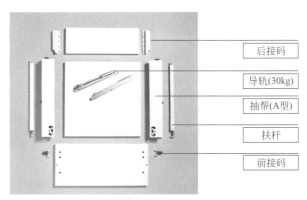

图4-100　百隆TANDEMBO X antaro豪华金属抽方杆抽结构
图（图片来源：百隆五金）

骑马抽滑轨利用滚轮运动牵引滑轨得以正常的运行，以百隆骑马抽为例，其具有高强度环抱式尼龙滚轮组，可保证抽屉即使在满负荷承载情况下依旧稳定顺滑（图4-101）。

另外，骑马抽带有静音阻尼的配件可用于缓冲，使关闭达到柔和的效果（图4-102）。左右侧板配有可进行三维调节的操作窗（图4-103）。

使用：不同高度抽帮的骑马抽可以自由搭配，应用到不同场合。中帮抽屉主要用于下面，上面可以安装低帮抽屉；高帮抽屉主要用于下面，上面可安装低帮抽屉；低帮抽屉主要用于上面，低帮抽屉如有需要可以选配到茶盘（图4-104）。当然，也可以根据需要自由选配。

图4-101　环抱式尼龙滚轮示意图（图片来源：百隆五金）　图4-102　静音阻尼配件示意图（图片来源：百隆五金）　图4-103　三维调节操作窗示意图（图片来源：百隆五金）

图4-104　百隆TANDEMBOX plus全拉式骑马抽滑轨应用案例（图片来源：百隆五金）

4.2.3.2　门滑轨

定义：与推拉门配套使用，承载其完成推拉动作的滑轨。

组成：有两种基本组合形式，一种是上轨道、下轨道和滑轮，另一种是上轨道和吊轮。

（1）上轨道、下轨道和滑轮。

特点：轨道的运作必须要配合相对应的滑轮，上下轨都需要配套的滑轮（图4-105）。上下轨滑轮形态有所区别，轨道的形式也是多样。

参数与选择：

① 下轨道。下轨道可以是单轨道也可以是多轨道，分为凹凸两种轨道，对应的滑轮会有所区别。下凹轨配凸滑轮，下凸轨配凹滑轮（图4-106）。

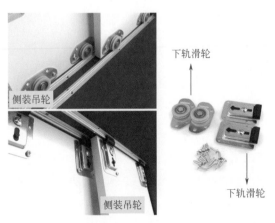

图4-105　侧装趟门滑轨组（图片来源：海蒂诗五金）

(a) 下凹轨道

(b) 下凹轨道

(c) 下凸轨道

图4-106　下轨道与滑轮

　　下凹轨相比下凸轨，虽然相对不易清洁，但可以通过PVC同色包覆，达到同衣柜柜体、柜门完全同色的效果，整体效果更强。

　　下凹轨采用固定器固定，固定器位于轨道下的垫板，装卸更方便，无需在下轨上打孔，更美观。此外，下凹轨处还添加了硅胶材质防尘，更静音，使用寿命更长（图4-107）。

(a) 固定器　　　　　　　　　(b) 防尘条

图4-107　下凹轨配件

　　② 滑轮。分为凸滑轮和凹滑轮。市面上的滑轮一般采用塑料和纤维两种。塑料滑轮质地坚硬，但使用时间一长会发涩、变硬，无法滑动；纤维滑轮韧性、耐磨性好，滑动顺畅，常见有尼龙。少数下轨道滑轮会采用金属材质，但是金属材质硬度大，容易发出噪声。下轨道滑轮可侧装于板件底端（图4-108），也可正装于板件底端（图4-109）。

(a) 金属滑轮　　　　　(b) 尼龙滑轮

图4-108　侧装下轨道滑轮

图4-109　正装下轨道滑轮

　　③ 上轨道。上轨道的形式与下轨道类似，可以是单轨道或双轨道。在上轨道中还常常会安装有限位器（图4-110），起封堵、限位、消声的作用。

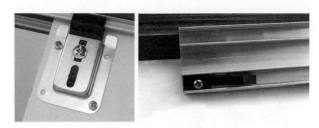

图4-110　限位器示意图

（2）上轨道和吊轮

特点：也称吊轮滑轨（图4-111），不需搭配下轨道使用，简化了安装过程，不容易积灰尘，方便清洁，美观实用。

图4-111　吊轮滑轨（图片来源：海蒂诗五金）

参数与选择：

① 上轨道，上轨道可以是单轨也可是双轨，取决于推拉门的数量（图4-112）；

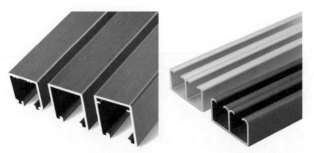

图4-112　单轨/双轨上轨道（图片来源：顶固五金）

上轨道一般安装有限位器，保护滑轮和门框不发生撞击（图4-113）。

② 吊轮，吊轮承载运动和负重的功能，要搭配着各种零部件才能正常运行（图4-114）；其材质大致与普通滑轮的相同；

图4-113 限位器结构图

图4-114 不同形式吊轮（图片来源：海蒂诗五金、固特五金、海福乐五金）

随着技术改进，其形式有多种，以上是市面常见的类型，可以是单组吊轮或多组吊轮，为了使用感更舒适流畅，吊轮可以结合阻尼缓冲，减少碰撞（图4-115）；

图4-115 吊轮细节图

③ 其他配件，推拉门的底端虽然没有下轨道，但常会使用止摆器或止摆轮，固定、限制门的位置（图4-116）。

图4-116 止摆器

4.2.4.3 其他滑轨

类型：滑轨与暗铰链结合的连接件。

使用对象：以平开的方式打开的并且能藏于柜子内部的柜门、试衣镜。

特点：

（1）平开门滑轨

是一种隐藏式的组合滑轨，使柜门能打开并藏于柜内，节约空间（图4-117）。

关门状态　　　　　　　　　　　　打开推进柜门状态

图4-117　滑轨与暗铰链结合的连接件及使用说明图

（2）试衣镜滑轨

定制衣柜功能繁多，试衣镜是标配的功能之一。试衣镜已不是单纯地黏附在柜板上，它们可以自由转动，伸缩方便，有助于提高人们使用衣柜的愉悦体验。

试衣镜一般是配备滑动轨道，可以适当扭动和做伸缩运动（图4-118）。

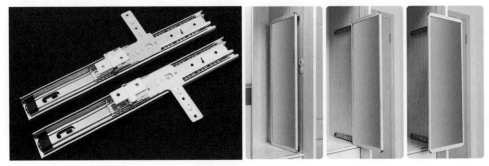

图4-118　推拉镜轨

4.2.5　位置保持装置

定义：用于活动部件定位的连接件。

分类：翻门吊杆、背板扣、磁碰、挂衣架、吊码等。

4.2.5.1　翻门吊杆

功能：使翻板门可以绕水平轴转动开闭。

使用对象：翻板门。

类型：分为上翻门吊杆和下翻门吊杆两种。

（1）上翻门吊杆

特点：随意停款可以通过中间的转动轮转动任意角度；开启到某个角度的时候可以悬着，方便取物。

使用状态：按照开启轨迹可以分为上翻折叠门、上翻平移门、上翻斜移门、上翻支撑门、迷你上翻门等（图4-119）。按功能可分为随意停款和液压杆款。

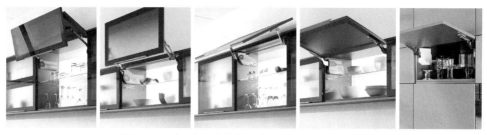

图4-119　上翻门开启状态图（图片来源：百隆五金）

① 随意停款

结构：

基础款的随意停款包括可转动、调节的臂杆、面板和柜板的固定件。固定的角度可以通过六角扳手进行调节（图4-120）。

图4-120　随意停（图片来源：海蒂诗五金）

改进款的随意停做了进一步的优化，如百隆AVENTOS HK-XS爱翻®小精灵上翻门系列吊杆。吊杆内有弹簧式组件，是省力装置；借助调节装置上的螺丝可实现无级调节，根据面板重量精确地调节省力装置的力度，使之处于平衡的状态后，上翻门可以悬停在任何所需的位置，随时触手可及（图4-121）。同时可以结合使用百隆特有的BLUMOTION阻尼、SERVO-DRIVE电动碰碰开或TIP-ON碰碰开，增强操作舒适性。

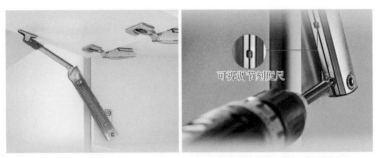

图4-121　百隆AVENTOS HK-XS爱翻®小精灵上翻门系列吊杆及细节图
（图片来源：百隆五金）

　　进阶版的随意停进行了结构上的整合，能针对开启轨迹的不同使用，以百隆AVENTOS HL爱翻®上翻门系列吊杆为例分析（图4-122），该系列的随意停的主要功能件是伸缩臂和省力装置。

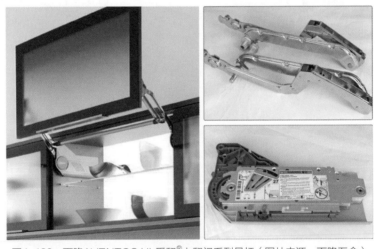

图4-122　百隆AVENTOS HL爱翻®上翻门系列吊杆（图片来源：百隆五金）

　　百隆AVENTOS HL爱翻®上翻平吊柜针对的是上翻门，具有九种省力装置和一种伸缩臂套装就可覆盖所有应用情形。这里的省力装置具有特定结构，可针对不同的面板重量借助电动螺丝刀进行精确调节，上翻门可在任意位置悬停。

　　同样的工作原理还有百隆AVENTOS HF爱翻®上翻折叠门吊杆。

　　② 气压杆款

　　结构：

　　基础款主要功能件是液压杆，在杆内注入人工氮气并采用液压油封，使得柜门开启的时候有缓冲效果（图4-123）。气压杆常常配合着缓冲铰链一起使用。

图4-123 气压杆（图片来源：海蒂诗五金）

进阶款的液压杆可结合省力装置使用，如百隆的AVENTOS HK-S爱翻®迷你上翻门吊杆，有三款省力装置足以覆盖所有应用领域（图4-124）。

图4-124 百隆的AVENTOS HK-S爱翻®迷你上翻门吊杆（图片来源：百隆五金）

（2）下翻门吊杆

特点：能起到支撑翻门板的作用。

使用状态：大多用于低矮位置的柜门。下翻时可以兼做临时台面，容易定位。按照功能可分为随意停款和液压缓冲款。

结构：

① 任意停

包括拉杆和柜体、面板固定器。一般与专用的翻门铰链搭配使用，图4-125中款式可以通过调节两杆之间的螺丝达到缓冲制动。

② 液压缓冲款

包括带液压缓冲的支撑杆和柜体、面板固定器，液压缓冲器位于支撑杆端部，固定于柜身。

图4-126款的支撑杆内藏弹簧，带有扣力，门关闭后不会自行打开；液压缓冲器上的螺丝可用于微调关门速度。

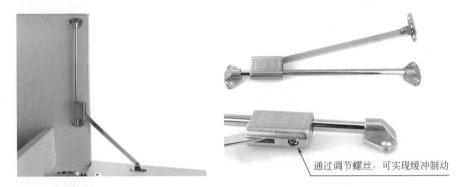

通过调节螺丝，可实现缓冲制动

图4-125　任意停下翻门（图片来源：海蒂诗五金）

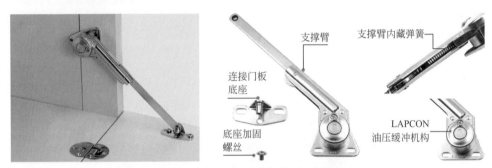

支撑臂

支撑臂内藏弹簧

连接门板
底座

底座加固
螺丝

LAPCON
油压缓冲机构

图4-126　液压缓冲下撑杆使用及结构图

　　参数与选择：不同的吊杆对柜体有不同的要求，要根据实际品牌和型号而定。不管是上翻还是下翻吊杆，部分类型会存在左右的区别，因此使用的时候要稍加区分。

4.2.5.2　背板扣

　　定义：连接背板和旁板的连接件。

　　材质：金属

　　使用对象：背板和旁板

　　特点：种类繁多，需要配合螺钉使用（图4-127）。

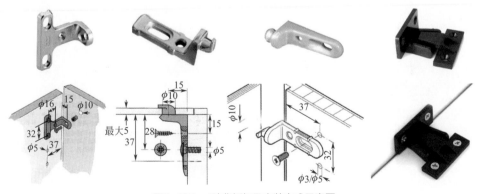

图4-127　4种背板扣及安装方式示意图

4.2.5.3　磁碰

定义：一种利用磁性锁紧原理的家具用锁。

材质：塑料、金属。

使用对象：用于家具柜门，如衣柜、储物柜等。

特点：利用有磁性的两部分相互吸引从而牢固结合达到锁紧的效果。

类型：分为无反弹功能磁碰和有反弹功能磁碰。

图4-128　无反弹磁碰（图片来源：海蒂诗五）

（1）无反弹功能磁碰

结构：带磁铁主体方盒和档片，这种类型一般搭配有拉手的柜门（图4-128）。

使用：柜门通过磁碰能自动吸合关闭。

（2）有反弹功能磁碰

结构：包括反弹器主体和档片，适合无拉手的柜门。反弹器可加长增大反弹距离，如图4-129款；为使反弹器更牢固地依附在柜板上，底座可设计成十字形状，如百隆TIP-ON明装十字反弹器（图4-130）。

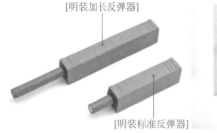

[明装加长反弹器]

[明装标准反弹器]

图4-129　加长反弹磁碰（图片来源：百隆五金）

图4-130　TIP-ON明装十字反弹器（图片来源：百隆五金）

随着工艺和结构的改进，除了上述两款之外，还出现甲壳虫形状和碰珠卡扣的磁碰，实用又牢固（图4-131）。

图4-131　甲壳虫磁碰与碰珠卡扣磁碰

使用：按一下弹出，柜门开启，再按一下闭合，柜门关闭。

4.2.5.4 挂衣物架

定义：内置晾挂衣物的支架。

材质：金属。

使用对象：柜体内置。

特点：解决定制柜体深度过深以及高度过高的问题，可以自由晾挂衣服和摆放物品。

分类：有外拉式、下拉式和旋转式挂衣物架。

结构：

（1）外拉式挂衣物架

根据挂衣物类型可划分为衣架、领带架、裤架、鞋架等，都是通过滑轨自由拉伸，滑轨可带阻尼缓冲，结构与抽屉滑轨类似（图4-132）。

图4-132　外拉式挂衣物架（图片来源：cobbe五金、VENACE五金、富胜家居）

（2）下拉式挂衣物架

左右支撑杆固定于柜体内部，中间有拉杆，使用时可以通过拉杆下拉晾挂衣服，部分款式还带自动复位功能。（图4-133）

（3）旋转衣物架

款式多样，结构不同。

如图4-134（a）款中每一层可360°独立旋转；橡胶软圈包裤管裹，裤子长期悬挂无

图4-133　下拉式挂衣架

挂痕，且不易滑落；270°塑料转盘材质为ABS材料，外形独特，美观大方。

图4-134（b）款采用螺旋旋转的形式，钢珠分割布局，有效防止衣物滑落；伸缩中轴分节铁管中轴高度可调，适用不同高度柜体。

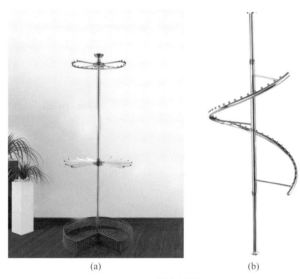

(a)　　　　　　　　　　　　　(b)

图4-134　旋转衣物架

4.2.5.5　吊码

定义：把吊柜挂在墙上的一个小五金配件，实现吊柜和墙体的连接。

材质：塑料、金属

使用对象：吊柜

特点：安装在吊柜中起调解高低作用，与其相配合使用的还有固定在墙体上的吊片。

分类：其款式有悬挂式和隐藏式，分别是明装吊码和隐形吊码，后者承重能力更强，老化周期更长。

结构：

（1）明装吊码

由塑料外盖和金属承重主体组成，主体内的螺丝可调节柜体高度和深度。安装后的塑料外观会显露在柜体内（图4-135）。

图4-135　明吊码安装效果图（图片来源：富胜五金）

（2）隐形吊码

由塑料装饰盖和金属承重主体组成，主体内带有可调节高度和深度的螺丝，基本能隐藏在柜体内（图4-136）。

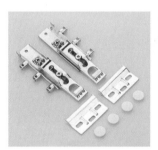

背面的安装效果↘

正面安装效果↗

图4-136　隐形吊码安装效果图

使用：吊码在选购和安装时部分款式需要区分左右。

4.2.5.6　其他类型

除了上述几种常见的位置保持装置之外，还有一些是根据要求特殊研发的，也用于保持家具的活动状态，如折叠凳的支持部件（图4-137）。这种部件打开时有缓冲作用，而且占用空间少，十分方便。

4.2.6　高度调节装置

定义：调节脚的作用类似于脚钉，区别于脚钉的是，调节脚起到调节家具高度的作用。

图4-137　折叠凳（图片来源：卡诺亚家居）

材质：塑料、金属。

使用对象：柜子、沙发等。

特点：通过定制不同长度的脚垫，可以得到合适的高度。

分类：固定脚、调节脚、万向蹄脚、橱柜用脚。

结构：

（1）固定脚

形式多样，规格不一，根据家具形态自由选择搭配（图4-138）。

图4-138　台脚、柜脚和沙发脚

（2）调节脚

底板和侧板的高度可以通过调整脚调节，图4-139为底部可调节铝脚，图4-140为侧板可调节脚。

图4-139　底部可调节铝脚　　　　图4-140　侧板可调节脚（图片来源：富胜五金）

（3）万向蹄脚

其外观比较灵活，可以使家具在不平的地面也能保持水平平稳（图4-141）。

（4）橱柜用脚

一般要与踢脚板搭配使用，隐藏于踢脚板后面。由于橱柜调整脚不容易替换，所以常采用ABS和PP这些质硬、耐老化、耐用的塑料制造（图4-142）。

图4-141 万向蹄脚

图4-142 橱柜调整脚

4.2.7 支承件

定义：用于支承家具部件。

材质：金属。

使用对象：层板。

特点：定制家具板件通常是活动层，因此支承件可起到很好的辅助作用。

分类：如层板支架、层板托、搁板销、衣通托等。

结构及使用：

（1）层板支架、层板托

用于柜体式家具中用于承托中间隔板的小五金配件，其中一端固定在家具或者墙体的侧壁，另外一端平行与地面，用来搁置木板或者玻璃层板，以隔开一个柜子的上下空间（图4-143和图4-144）。

图4-143 层板支架

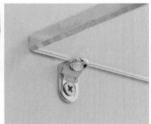

图4-144 层板托

（2）搁板销

结构简单，小巧实用，很多柜体都会留下搁板销专用孔，便于根据需要调节高度（图4-145）。

图4-145　搁板销

（3）衣通托

衣通托是衣柜里面常备的一个小零件，固定于板面上用于支撑晾衣杆（图4-146）。部分衣通托可以微调悬挂的高度。

图4-146　衣通托及使用示意图（图片来源：海蒂诗五金）

4.2.8　拉手

定义：安装在门或抽屉上便于用手开关的木条或金属物等。

材质：常用不锈钢、锌合金及铁铝合金等，个别家具拉手还会使用皮革（图4-147）。

使用对象：柜门表面。

图4-147　各式拉手（图片来源：卡诺亚家居）

特点：拉手的表面处理有多种方式，按照不同材质有不同的表面处理方式，不锈钢材质的表面处理有镜面抛光、表面拉丝等；锌合金材质的铰链表面处理一般有镀锌（镀白锌、镀彩锌）、镀亮铬、镀珍珠铬、亚光铬、麻面黑、黑色烤漆等。

类型：形式多样，传统的拉手外露在柜体表面，容易勾到衣服或者碰伤人体，存在安全隐患。因此现在经常使用暗拉手、隐藏拉手和旋转式暗拉手，既美观又安全（图4-148）。

图4-148　暗拉手、隐藏拉手、旋转暗拉手

4.2.9　脚轮

定义：带轮子的家具腿部件。

材质：有多种材料的脚轮，如铸铁轮，尼龙轮等。

使用对象：柜体、座椅。

特点：可移动。

类型：包括活动脚轮和固定脚轮。

结构：活动脚轮也就是万向轮，它的结构允许360°旋转；固定脚轮也叫定向脚轮，它没有旋转结构，不能转动。两种脚轮一般搭配使用（图4-149和图4-150）。

图4-149　普通的万向轮　　　　图4-150　有锁止装置的定向脚轮

4.2.10　收纳篮

定义：收纳物品用的篮子。

材质：金属。

使用对象：常用于柜体，如衣柜和橱柜。

特点：在定制柜体中可分割垂直空间，充分利用纵向空间。

类型：根据移动方式，可分为拉伸型、旋转型、升降型。

结构：衣柜收纳篮常常是内嵌式，一般与滑轨结合，安装于两侧板之间。

（1）拉伸型（图4-151）

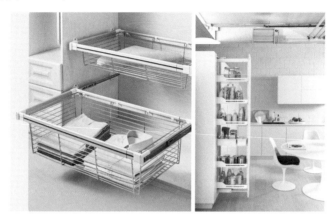

图4-151　拉伸收纳篮（右图来源：富胜家居）

（2）旋转型（图4-152）

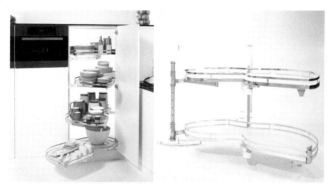

图4-152　旋转收纳篮（图片来源：富胜家居LeMansⅡ飞蝶Ⅱ系列）

（3）升降型（图4-153）

图4-153　升降收纳篮（图片来源：富胜家居iMove升降篮和
Pegasus天使降临系列）

4.3 装饰线条

定制家具要与室内环境完美融合必须用到装饰线条，其一方面起到收口的作用，使家具与墙体、家具构件与构件之间无缝连接，另一方面起到装饰美观的作用，突出家具的风格、外观，增强其装饰性。

根据线条的装饰部位可以分为罗马柱、顶线、脚线、眉线、眉板、门边框（图4-154和图4-155）。

图4-154　实木装饰线条　　　　　　　　图4-155　门边框线条

4.3.1 罗马柱

特点：柱子刻有凹圆槽，槽背成棱角，柱头花纹比较简单，常见为回字形图案和植物图案。相对于板式定制的局限性，罗马式衣柜更具灵活性，不会那么太死板，能够展示古代文明气息，给人以匀称感和豪华感。

材质：常用实木或胶合板作为基材，表面包覆三聚氰胺饰面纸。

结构：包括柱头和柱身（图4-156）。

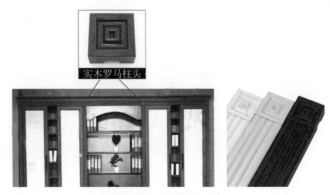

图4-156　罗马柱装饰条

4.3.2 顶线与脚线

特点：标准的欧式柜体立面结构分上中下三部分，见图4-157，上部分是压顶线，中部分是柜体，下部分是地脚座和踢脚线，其中柜体直接立于地脚座上。

4.3.2.1 顶线

材质：常采用实木或胶合板作为基材，表面贴有三聚氰胺饰面纸。

结构：顶线套装包括两部分，一般是镶嵌结构，凹槽卡扣结合的形式（图4-158）。

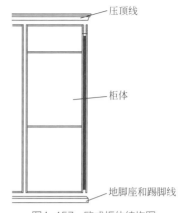

图4-157 欧式柜体结构图
（图片来源：好莱客家居）

图4-158 顶线结构及使用示意图

但也有部分顶线是采用塑料材质，PVC材料制成，其耐磨性、耐腐蚀性、绝缘性较好，经加工一次成形后不需再经装饰处理（图4-159）。

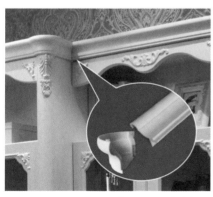
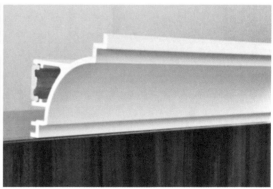

图4-159 法式家具顶线线条（图片来源：好莱客家居）

4.3.2.2 脚线

材质：脚线的材质与顶线相同

结构：表面是突起的立体曲线，其作用除了美观以外，还可以使柜体与底面保持一定距离，避免柜体潮湿（图4-160）。

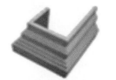

豪华地座（岛台脚线）　　　豪华地脚线

图4-160　脚线

4.3.3　眉板与眉线

特点：眉线的作用与眉板类似，表面多有精细雕花，一般要与顶线风格呼应（图4-161和图4-162）。

材质：眉板与眉线的材质多以实木或密度板为基材，用PVC材料进行表面包覆。

结构：眉板的形态多样，采用柔和自然的曲线，能增添优雅浪漫感，其作用是连接两个相对独立的构件，使家具更具整体性。

4.3.4　门边框

特点：在定制家具中，铝型材最常用于门边框。铝型材具有重量轻、强度高的特点，大大减轻了推拉门的重量，使用轻便、耐用，同时铝型材塑性好，有优良的着色性，制成的边框造型丰富美观，立体感强，使推拉门边框与面板、柜体颜色一致，过渡流畅。

材质：铝金属。

结构：衣柜门框里的铝型材分为竖框、中框和上下横框，共同组成框架结构，类似于框架式实木家具。

图4-161　眉线

4.3.4.1　竖框

竖框，顾名思义就是竖向放置的门框，用于门的两侧。竖框的横截面形状可以变化多样，除了具备紧固芯板外，还具备装饰作用，同时充当把手（图4-163）。

4.3.4.2　中框

中框一般用于分隔大幅面的柜门，连接上下两个面板，同时也起到表面装饰的作用（图4-164）。

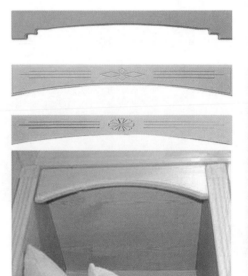

图4-162　眉板

图4-163　竖框装饰线条（图片来源：卡诺亚家居）

图4-164　中框装饰线条（图片来源：卡诺亚家居）

4.3.4.3　上下横框

上下框的功能主要是固定面板，并且结合滑轮使柜门得以滑动（图4-165）。

4.4　其他型材

定制家具还会配备其他类型的材料，满足不同生活情景的特殊需求，如厨房、卫生间等，同时也丰富了装饰效果。其中，以石英石材和玻璃最为常用。另外，还出现了新型装饰石材微分石。

图4-165　上下横框装饰线条（图片来源：卡诺亚家居）

4.4.1　石英石

定义：石英的成分是二氧化硅，通常我们说的石英石是一种由90%以上的石英晶体加上树脂及其他微量元素人工合成的新型石材（图4-166）。

用途：一般应用于定制家具的柜台柜面（图4-167）。

分类：可分为天然的和人造的。

特点：

① 硬度高，仅次于钻石，远大于厨房中所使用的刀铲等利器，不会被其刮伤。石英石台面具有实用、美观性。

② 抗污性强。石英石是一种表里如一、致密无孔的材料，因而对厨房的酸碱等有极好的抗腐蚀能力，日常使用的液体物质不会渗透入其内部。

③ 极耐高温，其致密无孔的材料结构使得细菌无处藏身，可与食物直接接触，安全无毒。

多种颜色石英石

图4-166　不同颜色的石英石（图片来源：皮阿诺家居）

图4-167 定制橱柜（图片来源：皮阿诺家居）

使用：长时间置于表面的液体只需蘸清水或清洁剂用抹布擦除即可，必要时可用刀片刮去表面的滞留物。石英石台面易清洁，不会为液体物质渗透，不会产生发黄和变色等问题，日常的清洁只需用清水冲洗即可，简单易行。即使经过长时间的使用，其表面也同新装台面一样的亮丽，无需特别维护和保养。

4.4.2 玻璃

定义：主要成分为二氧化硅和其他氧化物。

用途：常用于建筑室内装饰，在家具中常作为配饰、点缀的构件，具有隔风透光的作用（图4-168）。

图4-168 定制衣柜（图片来源：皮阿诺家居）

分类：

① 有色玻璃。当混入了某些金属的氧化物或者盐类而显现出颜色的玻璃。

② 钢化玻璃。通过物理或者化学的方法制得的玻璃。

③ 有机玻璃。聚甲基丙烯酸甲酯的俗称，属于高分子材料。

特点：

① 是一种高透明度的物质，硬度低于石材。

② 玻璃家具过去常被人们认为缺乏安全性，如今随着技术的发展，各种新型玻璃在厚度和透明度上得到了很大的突破，玻璃材料变得更加可靠与使用，甚至可以充当承重构件。

③ 在光的照射下会产生独特、迷幻的光影效果，增强了家具的装饰性。

使用：保养较为简易，只需要避免阳光长时间直射，以免造成产品局部褪色或泛黄，并保持使用环境清洁、干燥、通风，以免受潮。平时清洗带玻璃的家具需忌用碱水，宜用拧净水分的湿布擦，而后用干布擦干净。

4.4.3 微分石

定义：欧洲最新的石材类饰面材料，是采用特殊工艺将天然石材切为薄片，再与玻璃纤维组织及聚酯纤维复合而成（图4-169）。

图4-169　微分石黑纹系列产品（图片来源：华立装饰面材）

用途：可用于墙面、门、橱柜等饰面装饰。

特点：

① 具有如水墨丹青一般的天然石材纹理；

② 良好的韧性。

使用：使用和维护方法参照石英石。

4.5 智能组件

智能组件拓展了家具在垂直空间和水平空间的使用范围，并根据人们的意志作为功能导向，提升人们使用家具的舒适感，同时也为家居生活带来科技性。

常见的智能组件有智能升降系统、电动拉伸系统、智能照明系统、智能环境优化系统、智能照明系统、自动开启感应系统以及智能防护系统等，一般是安装在柜体内部使用的。

4.5.1 智能升降系统

用途：可用于在高位置的柜体收纳整理物品，也可为节省空间用于隐藏贮存物品的柜体。

使用案例：

如图4-170所示智能升降吊柜针对高位柜体存取物不方便而设计，是一种重型滑轨和导向铰链组合的吊挂式自动升降衣柜，采用独特的遥控感应无线开关，实现柜体上升和下降精确到位。

如图4-171所示的梳妆台，其内部柜体具备升降功能，采用独特的触摸感应装置，启动灵敏，造型美观，人性化设计，使用极为方便。

图4-170　智能升降吊柜

图4-171　升降梳妆台

4.5.2 电动拉伸系统

用途：为了追求大容量的收纳，很多柜体的深度会超出人手所能达到的范围，因此会造成取物和整理物品的困难。智能电动拉伸系统可以轻松解决高深空间的取物困难问题。

使用案例：如图4-172所示智能电动高深拉篮滑轨用于衣柜多层高深柜体，还具备有触摸、无线遥控功能，并配有防夹手的安全软防夹装置，其内部微电脑芯片能让柜体精准关闭。

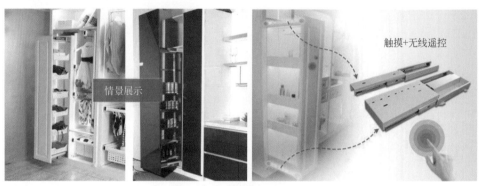

图4-172　智能电动拉伸系统

4.5.3 智能照明系统

用途：系统里的人体感应灯可感知人体，并根据人的使用状态来开启和关闭，便于在黑暗的环境中取物。

使用案例：如图4-173所示的内藏感应灯，人来即亮，人走即灭，灵敏实用。

图4-173　智能照明系统

4.5.4 智能环境优化系统

用途：具备调节温度、湿度和杀菌等功能，让衣柜变成一个空调房，始终给衣物提供一个更佳的储存湿度、温度环境，保持衣物的光洁如新，防止霉变虫蛀。

使用案例：如图4-174所示衣柜具有杀菌、除湿、恒温烘干系统，采用医用级的紫外线杀菌、杀霉、杀螨虫，有除湿、除异味功能，让衣柜内的衣服在冬天时也能带有温度。

图4-174　智能环境优化系统（图片来源：骊庭智能衣柜）

4.5.5　自动开启感应系统

用途：常用于衣柜门，通过智能系统控制柜门的开启和关闭。

使用案例：如图4-175所示搭配触摸控制开关，一触开启，并且具有延时关闭功能，长时间不使用时会自动关闭，能防止灰尘进入。同时自动开启系统能控制柜门安静准确地关闭，不会干扰人的休息。

图4-175　自动开启门感应系统

4.5.6　智能防护系统

用途：家中柜体除了可用于收纳普通东西外，还会被存放贵重物品，带有智能防护系统的柜体可以保障使用者私人财物的安全。

使用案例：如图4-176所示的智能保险柜，以模块方式嵌入安装，在保障用户财物安全的同时，又不破坏衣柜的整体风格，同时具有防盗报警功能，安全保护面面俱到。

图4-176　智能保险柜

第**3**篇

基本技能

定制家居终端设计师手册

**Handbook
for
the Terminal Designer
of
Home Furnishing Customization**

定制家居终端设计师手册

第 **5** 章

设计草图

手绘表现是设计师艺术素养、专业素养和表现能力的综合体现，它可以及时向消费者传达设计的思想理念。好的设计草图不仅能在跟客户初步交流时快速表达设计理念，还可以从一根根线条上展现设计师的自信，让业主感受到设计师深厚的专业能力和艺术素养，获得业主的认可，从而提高签单率。终端设计师可以从草图设计上获得诸多好处，所以需要在业余时间进行强化练习，只有经过量的积累才能达到质的飞跃。

在竞争激烈的定制潮流中，不少定制家居企业逐渐回归到产品和服务本身，以设计为驱动力结合消费者的需求，以此打造品牌竞争力。目前许多品牌都有免费量尺的服务，然而量尺只是其中的一个简单操作，设计才是服务差异化的关键所在。对于终端设计师来说，最困难的点在于如何获得客户的信任感以及提升设计的签单效率，快速手绘表达在其中发挥重要的作用，这也是优秀的终端设计师区别于绘图员的能力之一。

快速手绘表达能方便终端设计师调整和修改设计方案中的整体与局部之间的相互关系，使之符合设计要求；它能在短时间内绘制出快速表现图，在设计师与客户之间建立起良好的沟通纽带，便于双方的信息交流与协商，达到默契与共识，赢得客户的尊重与青睐，避免中期反复改图，提升签单的效率。因此，快速手绘表达是终端设计师必备的一项重要技能。

5.1 常用设计草图的内容

5.1.1 平面图

平面图全称为平面布置图，一般是指建筑物布置方案的一种简明图解形式，用以表示建筑物、构筑物、设施、设备等的相对平面位置。在定制家居行业里，平面图中主要用简单的图例来表达户型空间中家具、陈设的布局和位置关系，这也是立面图的重要基础。平面图反映了空间、功能布局是否合理，动线是否顺畅，家具位置安排是否符合生活习惯等内容。如何在上门量尺时快速地获取客户定制空间尺寸、空间布局、装修需求等信息，是每位终端设计师必须掌握的绘图知识。

平面图表达的内容主要分为两部分：一是标明室内结构及尺寸，包括居室的建筑尺寸、净空尺寸、门窗位置及尺寸；二是标明室内家具、陈设、绿植等的安放位置及其装修布局的尺寸关系。在此之前，终端设计师需要了解室内设计制图或家具制图的基础知识，掌握基本的建筑、家具、陈设、位置方向等制图符号，如了解尺寸以mm为单位，尺寸线的两端采用建筑标记，即斜线表示。常规的室内平面图如图5-1所示。

对终端设计师而言，通常在时间有限的情况下住宅的墙厚、（非）承重墙等图标皆可简化，采用简单的图线让业主一目了然地了解设计师的构想，实现有效沟通和交流，以便达到目的（图5-2）。

5.1.2 立面图

在与房屋立面平行的投影面上所作的房屋的正投影图称为建筑立面图，简称立面图。立面图是在平面图的基础上进行空间造型创作，进一步完善平面图的图样。如果说平面图反映的是空间平面布局与尺寸，那么立面图则是反映室内空间内墙垂直面的房屋结构、门窗的形式和位置、墙面的材料和家具陈设的造型等。

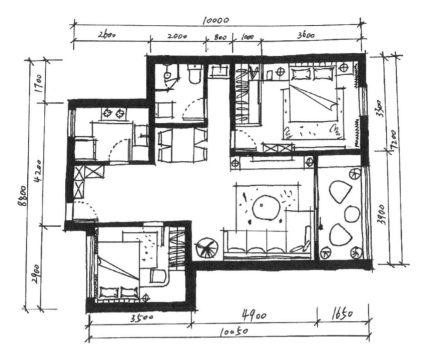

图5-1　常规室内平面图

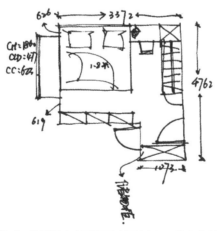

图5-2　简易版室内平面图（图片来源：维意定制）

在定制家居领域，立面图更多体现的是家具陈设产品的空间造型、功能布局、垂直方向的尺寸（图5-3）。每个建筑空间的垂直面至少有四个面，按一定固定方向依序绘制各墙立面图。必要时，立面图上需标注家具陈设名称、功能作用及尺寸大小。

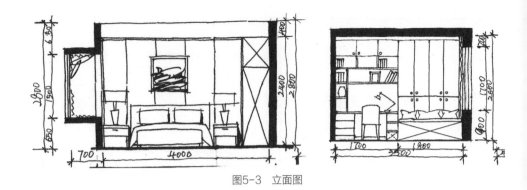

图5-3 立面图

5.1.3 平立面展开图

　　展开图是指空间形体的表面在平面上摊平后得到的图形。平立面展开图顾名思义是以建筑空间的平面图为基础，将四个垂直面摊平形成的图纸，即由平面图、四个方向的立面图构成，不同企业叫法略有不同。平立面展开图是整体定制家居行业中独特的手绘表达方式，方便客户对照平面图从左往右阅读立面图，了解该立面图中绘制的家具陈设有哪些，结合展开图想象空间实物造型，从而达到交流的目的。终端设计师在绘制平立面展开图时，无需画满整个墙面，也不必太拘泥于图纸的规范，可以采用简化的形式灵活绘制，表达出设计重点即可（图5-4）。

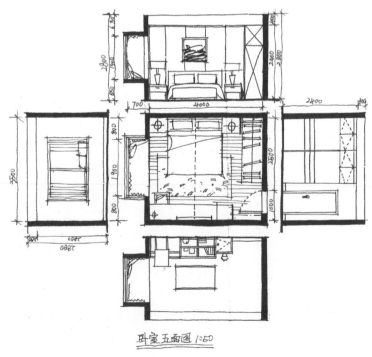

图5-4 平立面展开图

5.2 主要表达技巧

5.2.1 线条的表达技巧

　　线条的绘制看似简单，实则最考验基本功。线条分为直线和曲线两种，根据线条长短、粗细、虚实、绘制方向等给人以不同的视觉感受。手绘线条讲究起笔、运笔、收笔：起笔明确，运笔流畅，收笔果断，切忌来回重复表达一条线。手绘需要通过大量的练习形成肌肉记忆。

　　线条的练习分为两个阶段。

　　第一阶段，对横竖直线的控制练习。练习直线特别适合初学者，这也是最考验终端设计师的现场手绘表达的基本功，直线以又快又直为佳（图5-5）。画直线时要保持手腕不动，画抖线时手要匀速抖动。

　　第二阶段，排线练习。可体现出线条的自然、有序、平稳，排线的方向有自上而下、自左向右、右上向左下等，可进行往返排列（图5-6）。

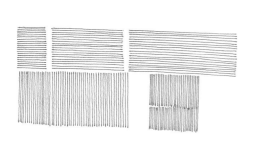

图5-5　横竖直线练习

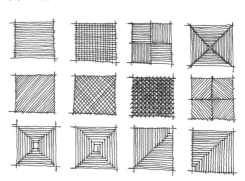

图5-6　排线练习

5.2.2 透视表达技巧

　　透视是通过一层透明的平面去研究后面物体的视觉科学，强调空间的纵深关系，遵循"近大远小"和"灭点"两个核心原则。了解透视原理是在熟练掌握线条的基础上准确绘制线稿的一个至关重要的环节。学习透视原理的主要目的是为了快速搭建合理的透视框架，使绘制的作品达到美观效果，方便人们进行交流与沟通。

（1）透视的分类

　　快速手绘表达中，主要掌握一点透视和两点透视的画法即可。

　　一点透视又称平行透视，在空间表现中经常用来强调纵深感，比较容易把握也是手绘表达技巧中最常用的一种（图5-7）。其主要特点是画面中仅有一个消失点（即灭点），灭点一般位于画面中心。

　　两点透视又称成角透视，即画面中产生两个消失的灭点，通常用来表现建筑的体块关系（图5-8）。两点透视的画法相对有难度，绘制不好容易使画面看起来别扭。

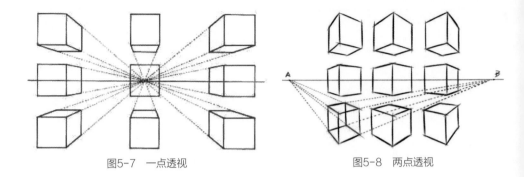

图5-7　一点透视

图5-8　两点透视

（2）透视的练习技巧

　　先在纸中央画一条直线，对着中间的点绘制若干个小立方体以练习透视关系（图5-9）。训练达到一定基础后，可以简单地把立方体变成柜体来进一步练习透视关系（图5-10）。

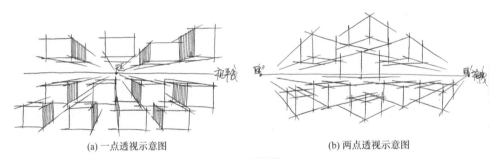

(a) 一点透视示意图

(b) 两点透视示意图

图5-9　透视练习

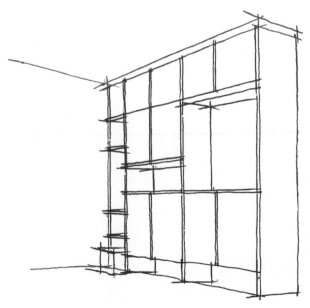

图5-10　柜体透视练习

5.2.3 马克笔的表达技巧

色彩的作用是增加手绘作品的层次感，使画面更有表现力，提高作品的美观度。马克笔被广泛用于各种设计的手绘表现上，以其上色速度快、色彩丰富、速干、不用调色的特点而深受设计师的青睐。

马克笔的使用方法与线条练习一样，需要经过反复的练习才能熟练掌握。马克笔常用笔触画法有平涂、斜涂、笔尖勾画、扫笔、点画五种（图5-11）。马克笔的练习主要以色块为主，体现色彩的明暗变化。

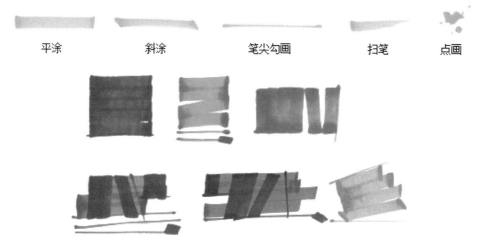

图5-11　马克笔笔触练习

先用马克笔进行大面积上色和细节刻画，上色步骤由浅到深、循序渐进，再用彩铅进行过渡（图5-12）。上色练习先从简单的体块开始，等掌握色彩表现后便可进行柜体的色彩练习（图5-13）。

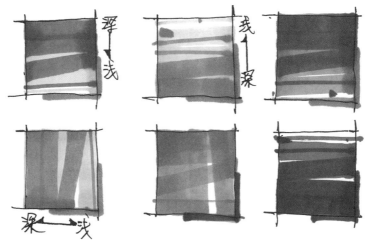

图5-12　马克笔色块练习

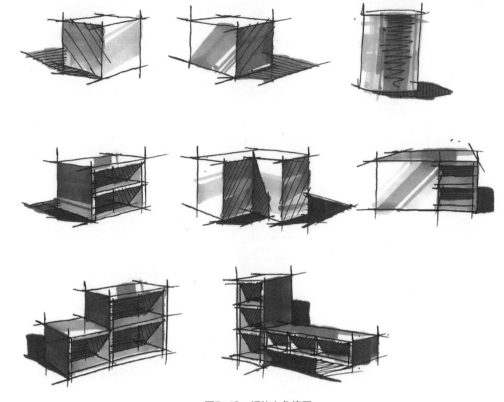

图5-13　柜体上色练习

不过在定制家居企业中对马克笔上色不作硬性要求，更重要的是在最快的时间里绘制出线稿，能清晰表达设计方案，达到与客户交流的目的即可。

5.3　创作案例与解析

终端设计师在接到派单后开始预约客户上门量尺，根据量尺过程中客户的需求和问题通过手绘草图快速提供解决方案，并在现场与客户进行初步的方案沟通，基本确定客户需求和方案大纲。本节以某真实主卧定制方案设计为例，对上门量尺、草图设计、效果图创作三个阶段进行完整的展示。

5.3.1　上门量尺

上门量尺的方式有很多种，量尺宝APP是目前市场上流行使用的一种，它以拍照和标注为核心功能。量尺宝可拍摄现场图并做详细的标注，对后续方案设计、订单审核、产品安装起到重要作用。终端设计师只需带着手机、激光测距仪、纸笔就可以上门展开量尺工作，操作简单，容易上手，又能快速记录并储存准确的数据，是定制家具设计中体现"快"的一个环节（图5-14）。

图5-14　量尺宝的数据图（图片来源：维意定制）

5.3.2　草图设计

终端设计师在上门量尺过程中需把握好时间，快速抓取客户的生活习惯、家具功能需求、风格喜好等信息。相比计算机效果展示图而言，手绘表现的图纸更容易修改画面和标注文字说明，可以清晰地记录设计者思维转换的过程。

设计师在客户家测量一圈后，要做到"心有户型图"。在与客户交流时用自身的专业知识客观分析平面布局图，给出合理优化的方案。设计构思先从室内空间布局入手，对室内空间的组合关系、家具陈设位置、人员流动路线的安排进行构思，从而在客户心中建立信任感。这时图5-14的空间尺寸数据立刻派上用场，平面图展示空间布局，立面图表达柜类的造型形式、柜体划分、是否有柜门（阴影表示含柜门）等信息，同时还可用引线补充文字（图5-15）。

为了达到有效的沟通，设计师还需绘制柜类的透视图以记录功能分区、结构需求等。如图5-16所示，门后储物柜分为上中下三部分，上部分储存不常用的物品，中间则是存放出门时方便拿取的物品，下部分以抽屉形式存放日常使用的物品。

5.3.3　效果图创作

在量尺结束后，终端设计师需要整合客户信息，如客户喜好的风格、颜色、装修需求等，再通过酷家乐、三维家或圆方等装修设计软件进行全方位的方案设计（软件学习内容请参考下一章）。在此过程中需要根据客户意见进行反复修改才能敲定最终方案（图5-17～图5-19）。

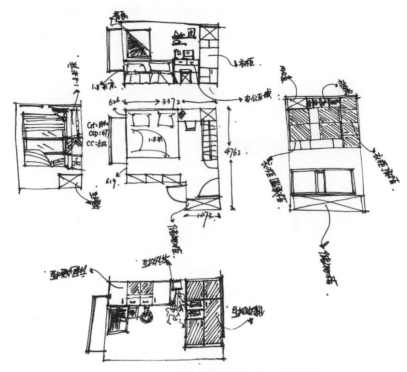

图5-15 主卧的平立面展开图（图片来源：维意定制）

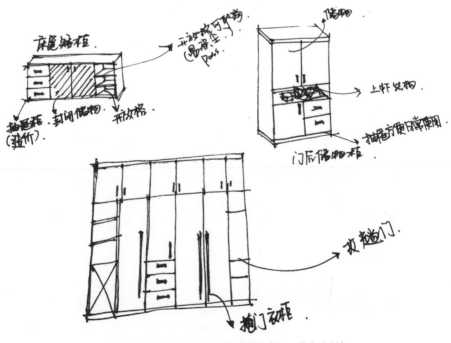

图5-16 柜类的补充说明图（图片来源：维意定制）

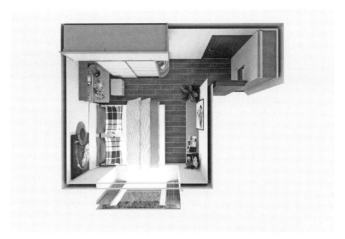

图5-17　主卧鸟瞰图（图片来源：维意定制）

图5-18　主卧效果图1（图片来源：维意定制）

图5-19　主卧效果图2（图片来源：维意定制）

5.4 作品参考

　　柜类设计是定制家居行业中的重点内容，其构成形式和形态相对比较简单。在设计表达时要注意柜体整体的比例，尺寸上要符合人体工程学的要求。柜类家具贯穿人们起居的方方面面，种类繁多，有橱柜、衣柜、鞋柜、餐边柜、电视柜等。本节将以定制柜类为核心，从三个角度展示一些设计案例，以供参考学习。

5.4.1 平立面展开图及相关柜类

　　案例一为12m²的青少年房及其平立面展开图、柜类透视图（图5-20～图5-22）。

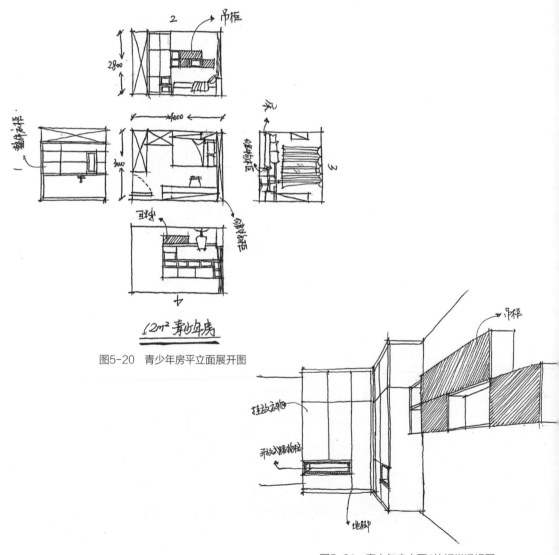

图5-20　青少年房平立面展开图

图5-21　青少年房立面1的柜类透视图

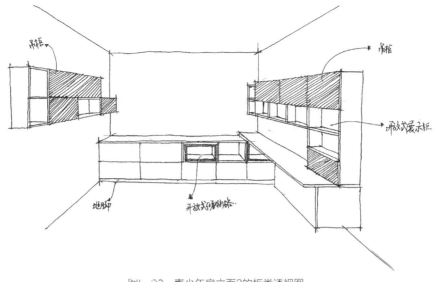

图5-22　青少年房立面3的柜类透视图

案例二为18m²卧房的平立面展开图，衣柜、展示柜透视图（图5-23和图5-24）。

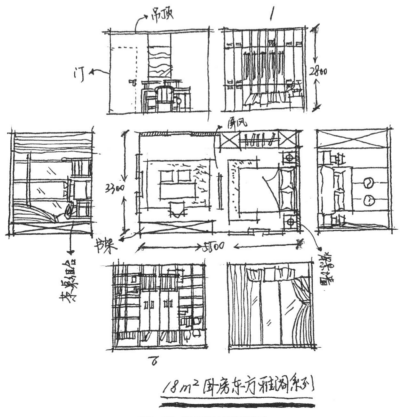

18m²卧房东方雅润系列

图5-23　卧房平立面展开图

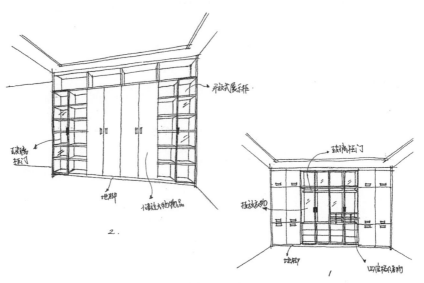

图5-24 衣柜、展示柜透视图

　　案例三为一套全屋定制设计，设计对象是一户五口之家，居住在100m²的三房一厅住宅中。业主希望玄关与客餐厅之间能保有隐私感。另外，两个女儿住在儿童房需要一张上下床，同时希望有一块适合女儿们使用的学习区。基于业主的需求，设计师快速设计出全屋平面图（图5-25）。

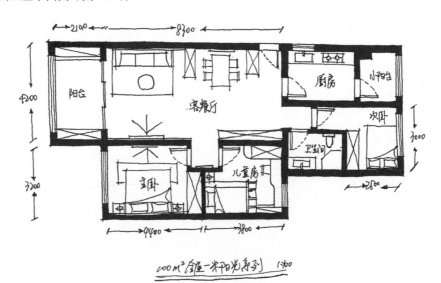

图5-25 案例三的全屋定制平面图

　　玄关处设计一款鞋柜将客人引入室内，客餐厅之间以隔断柜起到空间分隔作用（图5-26～图5-28）；阳台除了满足洗衣、晾晒功能外，还需有充足的储物空间（图5-29和图5-30）；主卧和次卧无特殊的设计需求（图5-31～图5-34）。

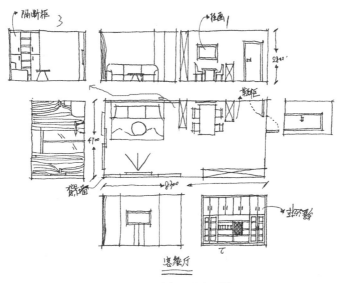

图5-26　客餐厅平立面图

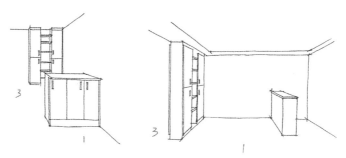

图5-27　客餐厅立面1和立面3的柜类透视图

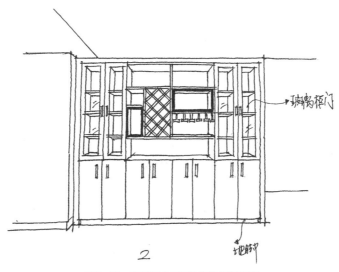

图5-28　客餐厅立面2的餐边柜透视图

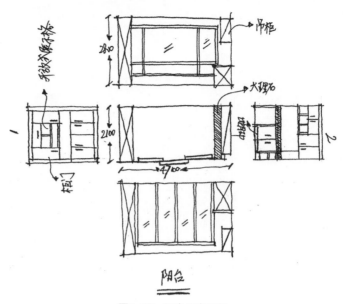

图5-29 阳台平立面图

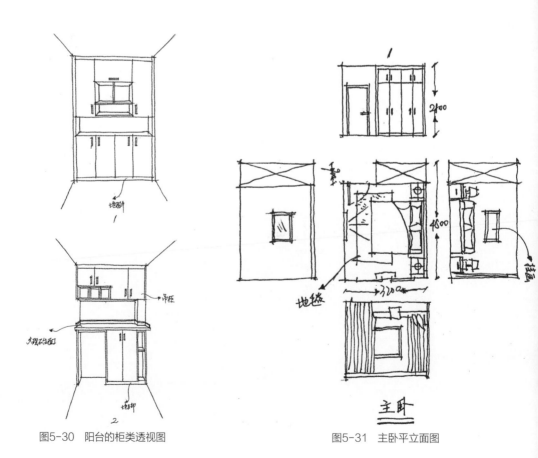

图5-30 阳台的柜类透视图

图5-31 主卧平立面图

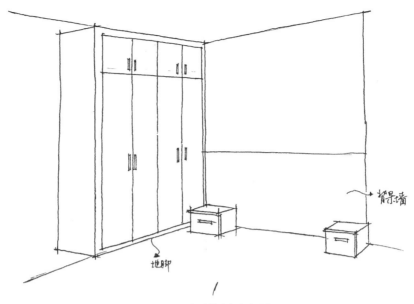

图5-32 主卧的衣柜透视图

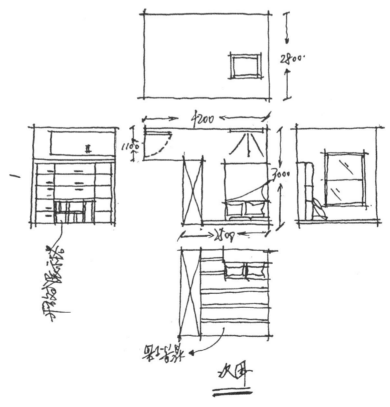

图5-33 次卧平立面图

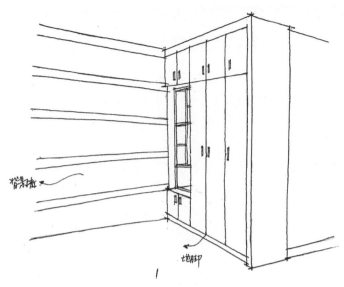

图5-34　次卧的衣柜透视图

儿童房设计的是双层子母床，侧边附着梯柜，既方便儿童上下行走，又能存储玩具（图5-35～图5-37）。同时设计了一款与衣柜相连的双人长桌，既提供了存储衣物、书本的功能，又能满足女孩们共同学习的需求。

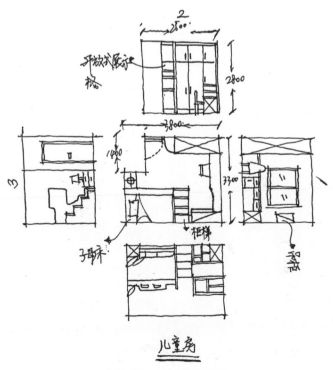

图5-35　儿童房平立面图

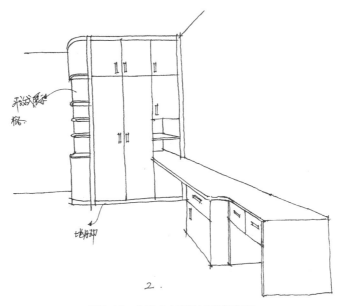

图5-36 儿童房立面2的柜类透视图

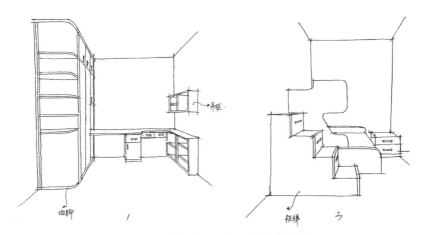

图5-37 儿童房立面1和立面3的柜类透视图

5.4.2 家具单体图

柜类产品一般为一字型和L型，以玄关柜和餐柜为例。玄关柜的绘制步骤主要分为3步（图5-38）。

① 根据玄关柜的尺寸、比例，结合透视关系先定出柜子的整体轮廓。

② 进一步刻画柜子的细节，画出每个开间的立面关系。注意相同尺寸的开间要体现出近大远小的透视关系。

③ 刻画柜门的细节，用排线画出柜子的明暗阴影关系，并点缀一些装饰品，丰富画面细节。

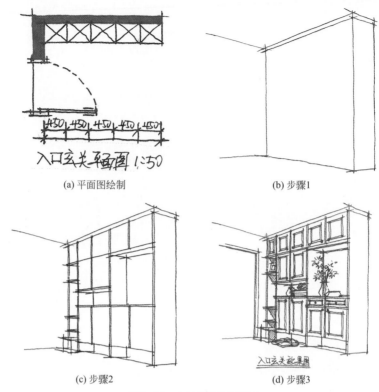

(a) 平面图绘制

(b) 步骤1

(c) 步骤2

(d) 步骤3

图5-38　玄关柜线稿步骤图

餐边柜也是同样的思路（图5-39）。

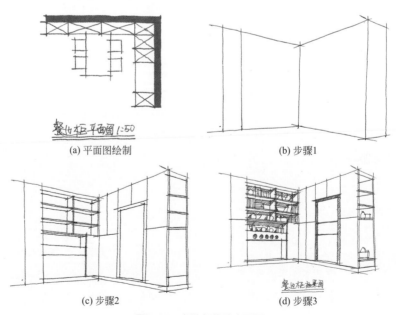

(a) 平面图绘制

(b) 步骤1

(c) 步骤2

(d) 步骤3

图5-39　餐边柜线稿步骤图

以下为餐边柜、玄关柜、阳台柜的手绘表达（图5-40～图5-42），可供参考学习。

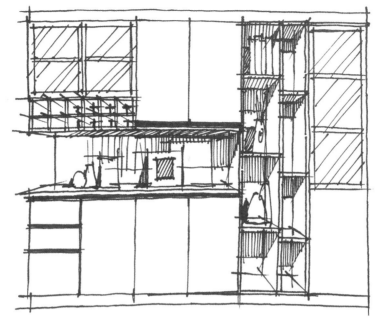

图5-40　餐边柜线稿图

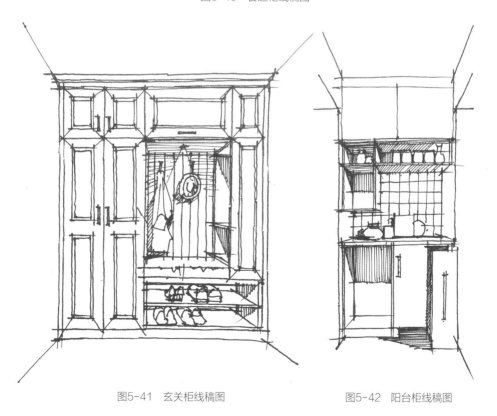

图5-41　玄关柜线稿图　　　　　图5-42　阳台柜线稿图

5.4.3 空间图

本节挑选卧室、客餐厅两个空间作为案例，部分空间方案采用马克笔上色（图5-43 ～图5-49）。

图5-43　卧室线稿图1　　　　　　　　　　　图5-44　卧室线稿图2

图5-45　卧室线稿图3

图5-46　客餐厅线稿图1

图5-47　客餐厅线稿图2

图5-48 卧室马克笔上色稿图

图5-49 客餐厅马克笔上色稿图

定制家居终端设计师手册

第6章

设计软件

随着计算机技术和家具生产装备的不断进步，定制家具设计软件也在发生日新月异的变化。设计软件的操作越来越容易掌握，设计过程变得越来越简单、快捷，设计效果也在不断提高，给定制家具行业的设计、营销、生产等各方面的从业人员提供了更加强大的支持。从本书写作到与读者见面的时间内，几大云平台还在快速升级更新，因此，大家看到的内容可能和软件平台的功能、界面、操作等方面有一定差异。即便如此，本书介绍的基本原理和流程应该可以帮助读者快速掌握这些强大的工具。

6.1 设计软件的作用

定制家居设计软件的作用是提高家居设计的效率和设计能力。当前，定制家居行业的设计、生产、销售等各个环节都进入了信息时代，设计软件已经成为定制家居设计的基础工具。尤其是在定制家居领域，设计软件的功能越来越强大，越来越高效才使得定制家居行业得以高速发展。

定制家居设计软件的发展经历了几个阶段。

第一个阶段：设计图纸数字化。主要是用电子图板软件来替代手工绘图工作，电子图纸在绘制、修改、复制、分发等各个方面都有极大的优势，大大提高了定制家居设计制图工作的效率。

第二个阶段：设计流程信息化。用计算机软件对定制家居设计的各个环节进行规范和优化。

第三个阶段：产品信息化。随着定制家居企业生产规模的扩大，设计软件也开始向网络化、系统化方向发展。CAD和CAM一体化的软件越来越受到欢迎，配合ERP等系统提高了设计生产效率。

第四个阶段：云平台化。设计流程、设计软件均实现了云端化。传统设计中使用的单机设计软件和设计流程被云端计算、云端存储取代。大数据技术的应用使得定制家居设计不再受到硬件限制，个人、企业都可以实现设计能力的极大提升。软件为定制家居设计者"赋能"，使得整个定制家居行业快速地向工业4.0的方向前进。

第五个阶段：人工智能化。目前正在蓬勃发展的人工智能技术正在各个领域掀起革命，定制家居设计过程中有很多的操作都使用人工智能来进行辅助，如对于图纸的智能识别和绘制，对家居风格、材质的选择进行人工智能建议等。

6.2. 常见的设计流程

定制家居的设计需要严格匹配用户的室内空间，所以设计阶段需要从室内空间开始。虽然设计软件种类繁多，但设计流程基本相似。

资料准备：在正式开始进入软件设计阶段之前，需要做好一些准备工作。将绘图和其他工作所需的图纸与数据资料准备齐全，包括房屋的户型图纸、测量的尺寸、用户的特殊需求等。

导入图纸：将平面图导入设计软件中，一般的设计软件都可以支持通用文件格式的导入，例如AutoCAD的DWG文件。云设计软件一般还可以直接从数据库中选择，或者通过手绘的图纸导入。

室内空间建模：在设计软件中对室内空间进行建模，主要建立墙体、门窗等主体结构。

家具建模：建立家具的数字三维模型，并摆放到室内空间中。

家具材质：为家具模型的各部分指定材质。

家居配饰：在室内空间中布置各种家具配饰，如挂画、摆件、钟表等饰品。

灯光布置：根据室内的灯光分布设置空间中的灯光。

渲染出图：将整个室内空间渲染成效果图，可以让用户直观地看到设计完成后的效果。

下单生产：将设计图纸处理成施工方或生产厂家使用的技术资料，对接生产。

6.3 常用的设计软件

定制家居设计过程中使用的软件多种多样，从早期的以单机软件为主，到今天云设计软件系统在定制家居行业占据主流地位。定制家居设计软件目前按使用情况可以分为基础设计软件和云设计平台两个类型。基础设计软件注重创造性，往往具有比较强大的建模能力；云设计平台侧重应用性，一般会提供大量的模型库供使用者直接调用。基础设计软件的通用性强，一般很少针对家具设计行业制作教程、帮助文件等，而云设计平台由于针对性强，一般都带有详细的针对家居家具行业的免费教程，可以很容易地掌握。

6.3.1 基础设计软件

定制家居设计行业使用计算机辅助设计已经有二十余年的历史，早期使用的软件以单机软件为主，主要功能就是绘制图纸、绘制三维效果图、做宣传图等。最常用的软件组合是AutoCAD+3ds Max+Photoshop。

（1）AutoCAD绘图软件

AutoCAD来自工程软件界大名鼎鼎的美国Autodesk公司（中文名：欧特克），该软件在国内的流行已经有二十多年的历史，是建筑、室内、工程、家具等多个行业的基础软件。该软件带有开发接口，国内有很多的衍生品和兼容它的软件，如著名的天正建筑、圆方软件等。

（2）3ds Max动画制作软件

3ds Max是Autodesk公司开发的基于Windows操作系统的三维动画渲染和制作软件（图6-1），其前身是基于DOS操作系统的3D Studio系列软件。在发布了Windows版本后改名为3D Studio Max，且每年都会更新一个版本，目前的版本都用年份来命名，最新的版本是3ds max 2020。在Windows NT出现以前，工业级的CG（计算机图形）制作都要使用昂贵的图形工作站。3D Studio Max + Windows NT组合的出现一下子降低了技术成本和经济成本，经过多年发展，软件的功能已经非常丰富且应用成熟，常被用作游戏制作、动画制作、电影特效制作等，建筑室内行业使用3ds Max软件来做效果图和动画已经有较长时间，尤其是家具行业，在云设计软件大规模应用之前，3ds Max是业界的标准，是从业人员的基本技能。

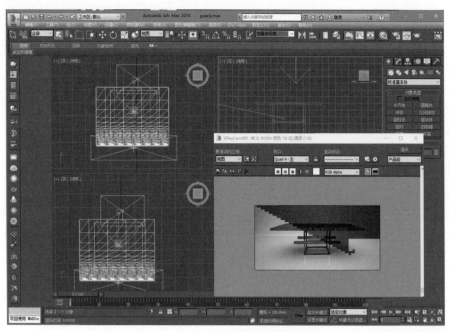

图6-1　3ds Max软件操作界面

（3）Photoshop图像处理软件

Adobe Photoshop，简称"PS"，是由Adobe公司开发的图像处理软件（图6-2）。该软件功能强大，在图像处理领域处于霸主地位，由于多年来互联网文化的盛行，

图6-2　Photoshop软件操作界面

不管是不是使用了Photoshop，处理图片都被简称为"P图"。室内、家具设计行业使用Photoshop软件主要是用来处理效果图，制作宣传图册、广告等。

6.3.2 信息化设计软件

TopSolid是法国开发的系列软件，是世界上唯一一款将CAD/CAM完全整合的，为木工行业量身订制的数字解决方案（图6-3）。其中包含众多为木工行业设计的专用3D建模功能，这不仅体现在设计阶段，更体现在加工阶段。在设计阶段，TopSolid就已经考虑到如何将产品加工出来，从设计到加工不需要中间格式的转换。TopSolid本身提供完善的产品线，包括钣金和加工行业都可以处理，即"面向加工的设计"。这些专用的设计功能包含了绝大多数的加工细节，可以适应复杂的加工需求。TopSolid'Cam是一款为木工行业特殊设计的数控加工解决方案，可以自动识别具有加工特性的几何外形，并配合TopSolid'Wood直接将设计图加工为产品实物。由于该系列软件在实木加工方面的卓越能力，目前很多企业用它来进行实木家具的设计。

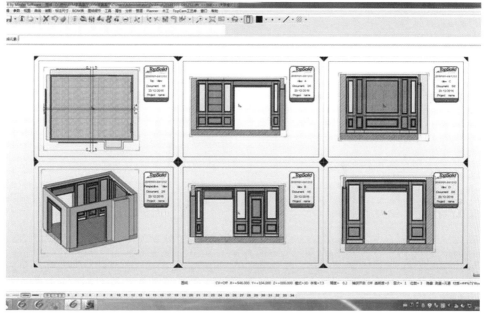

图6-3　TopSolid软件操作界面

6.3.3 云设计平台

定制家居行业的兴起与高效的家居设计软件的诞生密不可分，两者相辅相成。定制家居的造型结构较普通成品家具来说比较规范，设计软件在开发时可以有针对性地对功能进行取舍，使软件的运行效率提高，便于掌握，降低了人工成本和时间成本，进一步促进了定制家居行业的发展。目前，定制家居行业已经可以实现工业4.0技术，云设计平台可以使家具从设计到生产一气呵成。

（1）酷家乐

酷家乐是一家面向未来的大家居全案设计平台及生态解决方案提供商，致力于为数字化升级提供一站式的解决方案（图6-4）。平台以设计为入口，链接大家居行业生态，为家居企业提供设计、营销、生产、管理、供应链等场景的解决方案和服务，助力全行业实现"所见即所得"的愿景。

酷家乐3D云设计软件是杭州群核信息技术有限公司以分布式并行计算和多媒体数据挖掘为技术核心，推出的VR智能室内设计平台。平台于2013年11月上线，可免费在线使用，目前有1500万注册用户，平台数据库中涵盖了全国95%以上的户型。

图6-4　酷家乐主页（图片来源：酷家乐官网）

（2）三维家

三维家3D云设计来自广东三维家信息科技有限公司（成立于2013年1月），是以家居产业为依托，依靠云计算、大数据和AI人工智能等多项核心技术打造的家居工业互联网平台（图6-5）。三维家的产品包括橱柜、衣柜、顶墙、铺砖设计软件，水电施工管理软件和定制家具生产系统，还有诸多配套的工具软件等。三维家平台每日产生百万以上的设计方案，拥有4500万以上的素材，且方便对接生产、销售系统，是定制家居的设计利器。

（3）圆方软件

圆方软件来自广州市圆方计算机软件工程有限公司，圆方是家居设计软件的"老牌

图6-5　三维家主页（图片来源：三维家官网）

劲旅"，1994年就发布了圆方室内设计系统（图6-6）。圆方专注于自有软件的独立研发与销售，目前拥有虚拟现实、3D渲染引擎等一大批核心技术，并将这些核心技术深深地融

图6-6　圆方软件主页（图片来源：圆方官网）

入每个产品中，在图形图像、家居行业信息化解决方案领域居于行业领先水平。圆方不仅为家居家具行业提供解决方案，还亲自上阵于2004年成立了维尚集团，包含"南海维意家庭用品有限公司""广州尚品宅配家居用品有限公司"和"佛山维尚家具制造有限公司"。经过多年高速发展，维尚集团已经成为定制家居行业的标杆企业。

圆方软件包括家居云设计系统、全屋家具设计系统、家具生产信息化改造和一些行业辅助工具软件，这些软件都可以在官网下载（图6-7）。圆方软件的库文件保存在本地计算机上，虽然安装客户端很小，但是安装开始后需要下载安装包，要求硬盘有8GB以上的空间，安装和运行软件需要30G以上的硬盘空间。

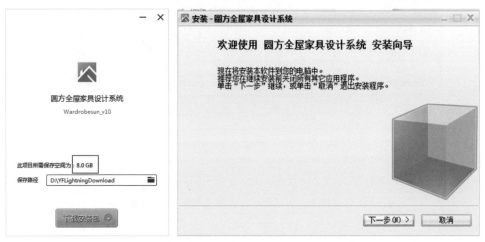

图6-7　圆方软件下载安装（图片来源：圆方官网）

（4）WCC软件

WCC软件全名为WOOD CAD/CAM（木制品计算机辅助设计制造），是德国豪迈（HOMAG）集团开发的一款适用于家具和室内设计的软件（图6-8）。WCC最大的特点是它和豪迈的家具生产设备对接非常顺畅，不论是独立的家具设计还是复杂的室内设计，从前期的草图绘制到生成成品的整个流程都很简易。完成设计后，通过点击鼠标可以立即生成生产图纸和物料清单，设计数据将被自动发送到豪迈的CNC设备上。

因为在生产设备领域的优势地位，WCC成为很多其他设计前端软件与生产流程之间的连接器，如酷家乐软件就是利用WCC作为拆单软件，将前端设计的家具分拆成为零部件，后期进行生产也要通过豪迈的设备完成。豪迈也提供了Designer 3D软件来进行家具和内饰的设计，并通过Designer Web在线设计销售家具，但是国内的应用不是很广泛。

（5）宜家家居设计软件

宜家出品的在线运行家居设计软件，其主要功能是配合宜家家居的产品设计厨房、餐厅、办公室等（图6-9）。宜家家居设计软件的发展速度比较慢，由于主要为宜家服务，功能比较简单，用户可以轻松上手，几乎没有门槛。

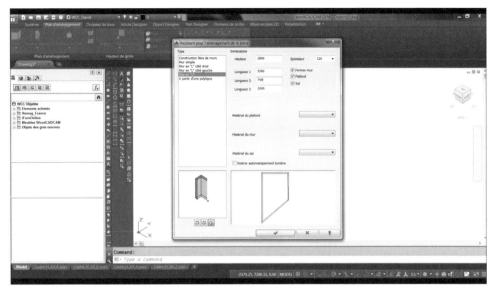

图6 8　WCC软件操作界面

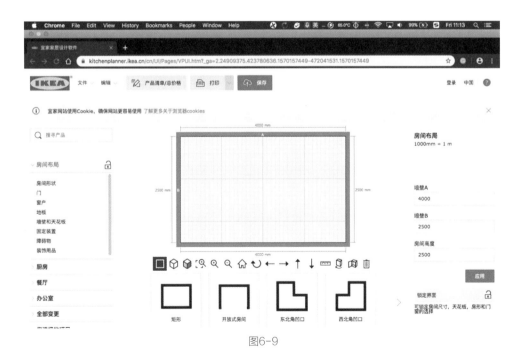

图6-9

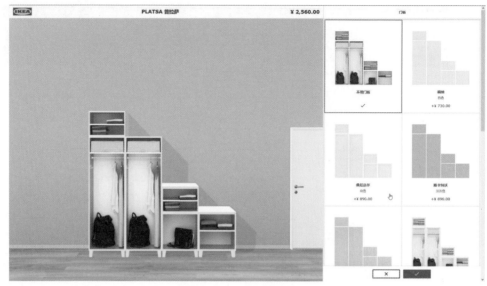

图6-9　宜家设计软件

6.3.4　主流云设计平台功能对比

表6-1　主要云设计平台功能对比表

基础软件		酷家乐	三维家	圆方软件	宜家
登录方式	单机软件	网页+客户端	网页+客户端	客户端	网页+客户端
收费模式	收费	个人版免费，企业版免费试用	个人版免费，企业版免费试用	收费加密锁，部分提供免锁版	免费
客户端平台	PC机安装使用	手机App、iPad、PC客户端	Windows PC客户端	Windows PC客户端，手机App	PC客户端
客户端尺寸	大	小	小	巨大	小
网络教程	丰富	官方网站提供，内容详细，更新快	官方网站提供，内容详细，更新快	官方网站提供	很少
注册用户数量	无法统计	650万以上	设计师用户200万以上	12万以上，家具企业客户6000以上，建材企业客户4000以上	无需注册
用户成长体系	无	成长积分、培训、认证	成长积分、培训、认证	培训、认证	无
功能侧重	强大、通用性强	针对家居、家具	针对家居，更侧重家具	针对家居，侧重家具	主要针对自家家具
交流论坛	有，数量众多	有	有	无	没有

基础软件		酷家乐	三维家	圆方软件	宜家
云端存储	无	有	有	有	无
户型库	无	涵盖全国90%	500万以上		无
模型素材库	丰富全面	2019年更新88万个，真实商品素材30万以上。	4500万以上	不详	不详
基础建模功能	功能丰富	户型及定制家具	户型及定制家具	户型及定制家具	户型及定制家具
第三方产品库	可导入	有	有		无
渲染效果	效果好，速度慢、掌握困难	效果良好、速度快、易上手	效果良好、速度快、易上手	效果良好、速度快、易上手	简单
渲染类型	任意	透视图、鸟瞰图、全景图	透视图、鸟瞰图、全景图	透视图、鸟瞰图、全景图	无
VR技术（虚拟现实）	支持	支持，可选购KOOI VR套件	支持，可选购VR眼镜	支持	无
图纸导出	无需导出	自动	自动	自动	无
拆单	无	一键生成	一键生成	一键生成	无
经费预算	无	支持自主报价功能	一键生成	支持	自动计算
生产制造	第三方系统	支持设计方案JSON文件导出，对接生产系统	支持三维家3D云制造解决方案。一键输出NC加工文件，无缝对接各类数控设备，智能优化排产，全程数据管控	圆方家具生产设计系统	无
门店管理	无	无	有，支持快速线上开店	无	无
营销工具	无	有	有	有	无

6.4 酷家乐设计平台的入门操作

各家软件平台都提供了比较详细的教程和培训课程，可以轻松上手，同时也提供了交流的平台帮助设计师提高。云设计软件一般升级很快，每一次登录可能都会有新的功能出现，本书提供了一些基础的使用方法供大家入门。

以酷家乐平台为例，酷家乐的使用相对传统的设计软件比较简单，且提供了很多辅助功能，可以高效地制作设计图纸、模型和效果图，加上一些辅助工具就可以实现直接下单生产。

6.4.1 运行环境与客户端安装

酷家乐平台可以直接在网页浏览器中运行，也可以下载客户端运行。对于网页版，官方建议使用谷歌的Chrome浏览器，可以完整地使用软件的功能。直接登录官网，没有注册的可以直接注册。平台上提供了丰富的设计资料、设计教程和交流平台，初学者也可以很轻松地掌握。

　　酷家乐提供了多种平台的客户端，可以方便地使用，尤其是对于外出的设计师来说更是方便快捷。PC机上的客户端提供了Windows版本（图6-10），手机APP提供安卓和iOS版本（图6-11），还有专门为iPad量身定制的版本。酷家乐的微信公众号上也提供了VR（虚拟现实）效果图等功能。

图6-10　酷家乐PC客户端　　　　　　　　图6-11　酷家乐手机客户端

　　登录酷家乐网站，下载所需客户端。以PC客户端为例，选择Windows系统下载。PC客户端目前只支持Windows操作系统，安装方式和一般的软件没什么区别。双击安装包，选择合适的安装位置，直接按下一步即可（图6-12）。

图6-12　酷家乐PC客户端安装方式

6.4.2 登录软件平台

　　酷家乐平台既可以直接在网页登录，也可以使用客户端登录。安装完成后运行客户端就会出现登录界面（图6-13）。

　　输入用户名和密码登录，也可以用其他关联网站的账户登录。登录后弹出"今日推荐"窗口，会推送一些行业资讯、操作教程和更新信息等（图6-14）。

图6-13　酷家乐客户端登录界面　　　　　　图6-14　酷家乐"今日推荐"

　　首次登录可以选择自己的用户类型，酷家乐为不同类型的行业和用户提供了多种应用情景，这里以橱柜定制为例来说明。

　　① 先选择自己的身份（见图6-15）。

图6-15　用户身份选择界面

　　② 然后选择自己的行业（图6-16）。

　　③ 点击"开始使用"按钮进入系统界面（图6-17）。

　　④ 登录完成后，在首页的右下角点击"开始设计"即可进入设计界面。

6.4.3 新建或打开方案

　　进入设计界面后会出现新建或打开方案的界面框（图6-18）。

　　在定制家具设计过程中需要综合设计室内空间、家具、配饰、灯光、材质等，针对某一个定制项目所做的这一切就是一个设计方案。

图6-16　用户行业选择界面

图6-17　酷家乐系统界面

图6-18　新建或打开方案界面

（1）新建设计方案

① 自由绘制：新建一个空白的方案，由设计师在其中进行自由设计。

② 搜索户型库：酷家乐的平台保存有全国各地很多住宅小区的户型图，随着用户和方案的增加，户型库也越来越丰富，设计师很容易就可以在其中找到同样或相似的户型（图6-19）。直接输入用户住房所在的小区名字就可以在全国范围内进行搜索，找到相同或相近的户型就可以导入，然后根据需求进行进一步的修改完善。直接导入户型库中的户型可以大大提高设计效率，避免了重复劳动。

图6-19　户型库列表

③ 导入CAD：可以将之前绘制好的CAD文件直接导入酷家乐，系统会识别出CAD文件的格式，可在导入的平面图基础上绘制户型方案（图6-20）。鼠标指向带问号图标的"上传要求"，会显示文件大小限制。

图6-20　导入CAD方案

④ 导入临摹图：将图片格式的户型图，如手绘、扫描的平面图纸等导入系统。

（2）打开方案流程

酷家乐的设计方案都保存在云端，设计师可以在操作的过程中随时停下，保存当前的工作进度后，再次打开时最近使用的方案会在下方列出，选择一个方案即可打开。

① 新建的方案基本是空的，可以自行添加门窗、墙体等（图6-21）。

图6-21　空户型

② 加门窗和墙体的操作非常简单，只需要从左侧的素材库中拖到平面图上即可（图6-22）。

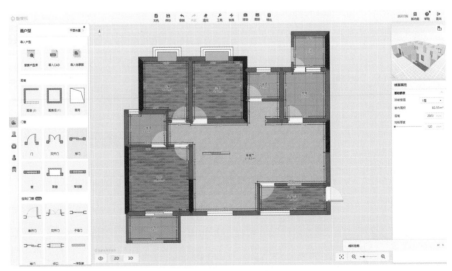

图6-22　添加元素

③ 添加完成后可以通过控制点调整门窗和墙体的尺寸（图6-23）。

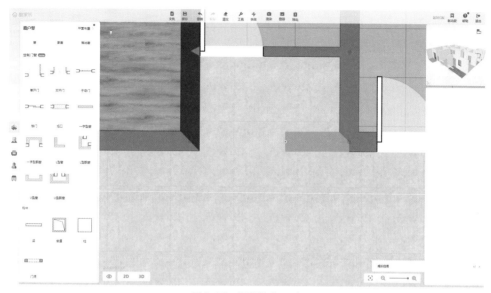

图6-23　调整墙体尺寸

6.4.4　操作界面

　　点击下方的"开始使用"按钮就可以进入酷家乐软件的操作界面。由于酷家乐软件在不断升级更新中，操作界面会有微小的调整，如增删、调整一些功能的位置，但整体布局变化不大。

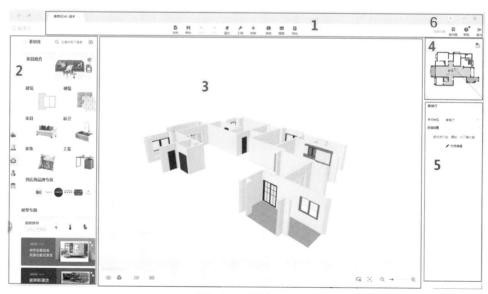

图6-24　主操作界面

整个操作界面分为几个区域（图6-24）。

① 文件操作区：该区域用来控制设计方案的打开、保存、导入、导出等操作，上方的标签显示当前打开的方案的名称。

② 工具模块区：包括户型、智能设计、公共素材库、我的、行业库五大板块（图6-25）。

③ 编辑视口：该区域显示当前正在编辑的方案，视口的左下方可切换视角等参数，右下角控制视图的缩放等。

④ 缩略图：该部分显示当前方案的缩略图，可直接点击选择区域和对象。

⑤ 属性栏：当前选择对象的具体属性。

⑥ 右上角提供了给初学者的帮助信息（图6-26）。每次打开客户端时右下角都会显示"成长任务"，设计师可以在这里看到自己的会员等级和积分，完成任务可以获得积分奖励。

图6-25　左侧工具栏

图6-26　新手教程和引导

6.4.4.1　视图模式

酷家乐提供了二维和三维两种视图，二维视图包括平面图和顶面图，三维视图包括鸟瞰图和漫游视图（图6-27）。左下角点击按钮直接切换视图，右下角可以缩放，直接用鼠标的滚轮也可以控制缩放，很容易掌握。眼睛图标可以控制显示的内容，如尺寸线、面积大小、家具等。

二维视图可以清晰地看到整个空间的布局，在绘制户型、摆放家具时能够更清晰地看到空间中的位置。三维视图提供了立体化的视图，看上去更加直观，鸟瞰图就是模拟从高处看整个空间的效果，可对整个模型进行缩放、旋转等操作。漫游视图比较有趣，

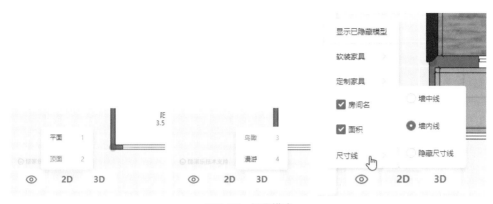

图6-27　视图模式

是模仿人在空间中行走的效果，漫游过程中可以使用鼠标控制走动方向，或用键盘的 WSAD四个按键控制前进后退、左右移动（图6-28）。

图6-28　三维视图主界面

6.4.4.2　文件操作

（1）保存与恢复

酷家乐的文件操作比较简单，因为存储在云端，直接点击"保存"按钮或"Ctrl+S"就可以保存，酷家乐还提供了"恢复历史版本"功能，是设计过程中很有效的"后悔药"（图6-29）。

（2）清空

"清空"按钮可以将方案中的家具快速清除，将房间恢复到空的状态（图6-30）。

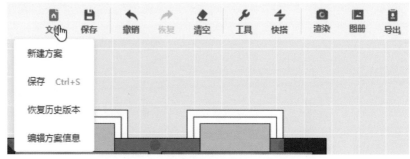

图6-29 文件操作

图6-30 清空功能

（3）工具

"工具"按钮中目前包含了测量和户型反转功能，户型反转是个非常便利的工具，考虑到大多数住宅楼都是对称设计，只需要绘制一边的户型图就可以得到对面的户型（图6-31）。

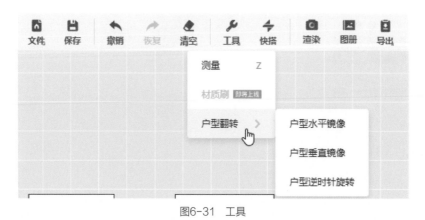

图6-31 工具

（4）快搭功能

快搭功能提供了一种自动快速对空间进行家具和配饰布置的功能，主要用来预览风格效果。快搭中的样板间都是其他用户之前做好的，可以轻松使用，提高效率（图6-32）。

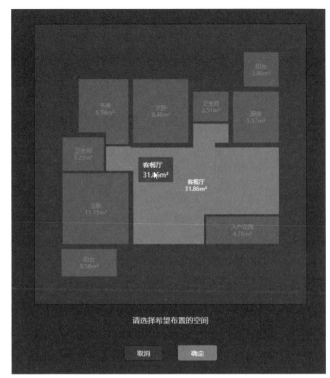

图6-32 快搭房间选择

按下按钮，选择需要快搭的房间和样板间风格，就可以快速地将房间布置完毕（图 6-33和图6-34）。

图6-33 风格选择

图6-34 素材拾回

快搭功能目前还提供了多间房组合的方式，可选择不同的房间和空间进行整体搭配（图6-35）。直接在左侧勾选房间，选择组合风格就可以看到搭配好的空间效果。上方的筛选栏可以筛选不同风格、面积、房间类型等。

图6-35 房间组合搭配

（5）渲染功能

该工具提供了渲染效果图功能（图6-36）。酷家乐的效果图功能采用云端渲染，其渲染程序在云服务器上运行，运算能力非常强大，可以快速出图，普通分辨率的图片可以免费渲染，高分辨率的图片需要付费。

（6）普通图功能

直接在平面视图中调整摄像机的位置可以控制渲染图的视角。右上角可以预览最终效果图的范围，下方可以调整摄像机高度和俯视角度，也可以保存调整好的视角（图6-37）。

（7）全景图功能

点击"全景图"按钮可以渲染全景图。全景图可以产生身临其境的感觉，配合VR技术体验更佳（图6-38）。

图6-36 渲染进度

图6-37 渲染视图调整

图6-38 全景图视角调整

（8）俯视图功能

俯视图用来观察全局或狭窄的房间（如卫生间等），相机会放在高处，角度斜向下（图6-39）。

图6-39　俯视图

（9）渲染图册

渲染出的效果图可以在列表中预览，点击界面右下角保存或删除图片（图6-40）。

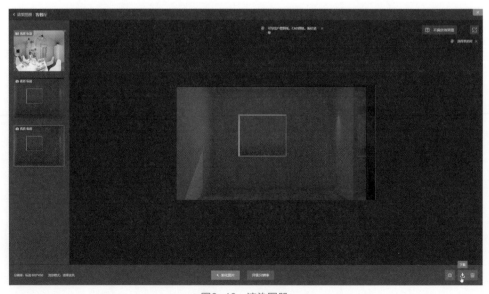

图6-40　渲染图册

（10）导出工具

该工具提供了导出全屋图纸的功能，可以选择导出图纸的内容、幅面等（图6-41）。

图6-41　导出图纸

6.4.4.3　侧边工具按钮

（1）户型

"户型"按钮提供编辑户型所需的工具，可以画墙开洞、配置门窗等（图6-42）。

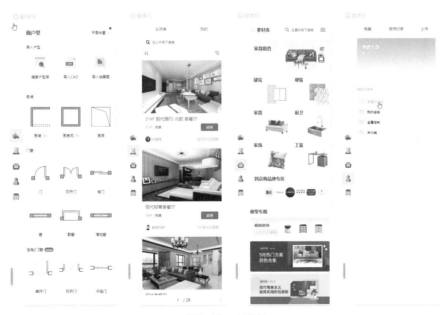

图6-42　户型库

（2）智能设计

　　智能设计为设计师提供了一种快速设计的途径，计算机可以自主检测户型，在设计库中挑选合适的设计方案套用到当前的方案上，类似于大家熟悉的"更换主题"功能。

　　如图6-43所示，在应用了北欧客餐厅之后，系统自动生成了客厅和餐厅的家具、配饰、植物，并按照空间尺寸进行了摆放。

图6-43　智能设计库

（3）公共素材库

　　公共素材库提供了建筑、硬装、家具、厨卫、家饰、工装等几类素材，素材库中的模型一般都是市场上存在的真实产品，有的可以在合作商家那里直接购买。这给设计师提供了极大的便利，也帮助用户看到真实的设计效果。

（4）我的

这里是个人的收藏夹，收藏了个人设计过程中设计、选择的各类资源。

（5）行业库

提供了"全屋硬装工具""厨卫定制""全屋家具定制""门窗定制""水电工具"等专用工具库（图6-44）。

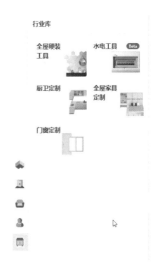

图6-44　行业库

6.4.5　快捷键列表

熟练使用快捷键是提高工作效率的重要基础，酷家乐软件提供了一些常用功能的快捷键（表6-2）。

表6-2　快捷键表

通用操作		硬装	
取消	Esc	绘制矩形/区域	R
确认	Enter	绘制圆形	C
撤销	Ctrl+Z	绘制直线	L
恢复	Ctrl+Y	放样	I
保存	Ctrl+S	拉伸	P
视图操作		切换3D/正交	Tab
平面	1	选择单边	Ctrl
顶面	2		
鸟瞰	3	对象操作	
漫游	4	多选/框选	Shift+鼠标
重置视图	Space	删除	Del
左移	A	成组	Ctrl+G
前进	W	解组	Ctrl+Shift+G
右移	D	复制	Ctrl+C
后退	S	翻转	G
上移	Q	替换对象	C

通用操作		硬装	
材质模式	Ctrl+1	移动对象	←↑→↓
线框模式	Ctrl+2		
材质+线框模式	Ctrl+3	定制	
户型		选择组件/柜体	Tab
画墙	B	材质刷	M
画房间	F	取消适配	Alt+Ctrl

6.4.6 方案的编辑

(1)对象操作

选择对象，鼠标左键点击视图中的物品即可选中，此时物品周边出现蓝色框线，地面出现箭头符号，画面上弹出快捷工具栏（图6-45）。拖拽直线箭头符号可以移动物品的位置，拖拽曲线箭头可以旋转物品。通过点击快捷工具栏上的按钮可以实现三维旋转（R）、翻转（G）、复制（Ctrl+C）、隐藏（Ctrl+H）等操作。

图6-45 选择对象

(2)对象添加/删除

添加物品可通过左侧边栏中的各个库来进行，选择目标对象直接拖拽到右边的视图中即可（图6-46）。

在视图区域中用鼠标点击选择需要删除的物品，在弹出的快捷工具栏中点击"垃圾桶"按钮。按住Shift键+鼠标点击或拖拽，可以选择多个物品。

图6-46 添加对象

（3）对象替换

在快捷工具栏点"替换"（C）按钮可以在左侧的库中选择物品来替换当前的物品，替换后工具栏上方出现"材质替换"按钮，可以替换物品中的各种材质（图6-47）。

图6-47

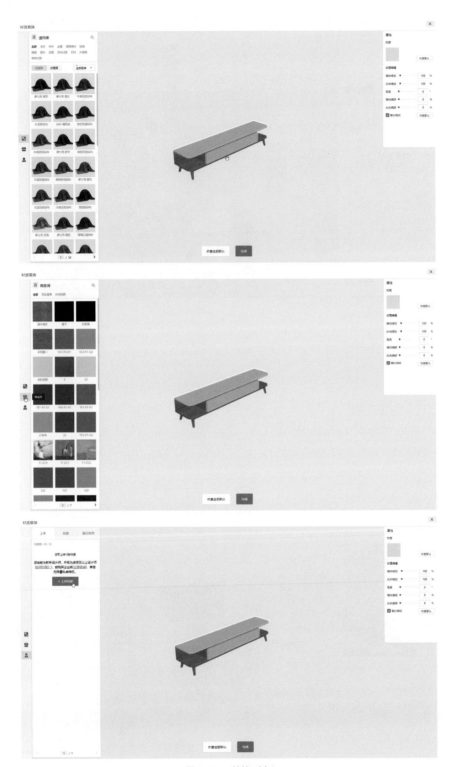

图6-47 替换对象

（4）删除对象

选中一个对象，在弹出的快捷菜单中点击垃圾桶图标即可删除（图6-48）。

图6-48 删除对象

6.4.7 渲染

酷家乐采用云端渲染方式，对本地计算机的要求较低，用户的方案直接进入到远程的服务器中进行渲染（见图6-49）。因为同一时刻全国可能有成千上万名设计师在渲染出图，所以有时候渲染任务需要排队等待。

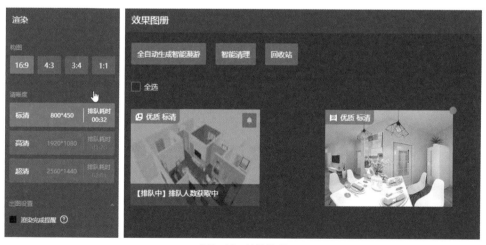

图6-49 渲染选项

左侧的工具栏可以选择灯光配置和背景设置等，可根据需要进行选择（图6-50）。

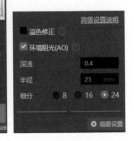

图6-50 灯光配置

6.4.8 全屋硬装工具

在左侧边栏中点击行业库，选择全屋硬装工具，该工具提供了室内硬装的高效设计方式。户型方案确定之后，设置好门窗就可以开始各部分的硬装。

（1）材料选取

包括天花、地面、墙面的各种瓷砖、板材、线条等都可以在左侧边栏中选取，直接拖拽到模型上；方案选项栏里有很多成熟的组合搭配方案可以选择（图6-51）。

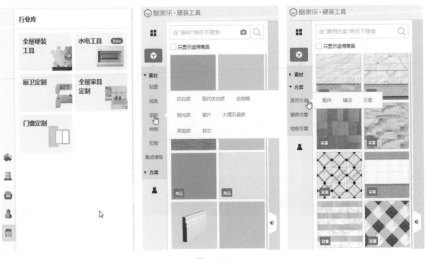

图6-51

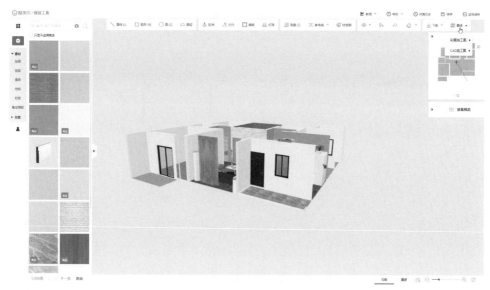

图6-51　硬装素材库

（2）图纸输出

硬装工具可以输出全屋的平面图纸，输出过程中可以选择生成的内容，可输出瓷砖彩图、顶墙彩图、瓷砖CAD图纸、顶墙CAD图纸（图6-52和图6-53）。

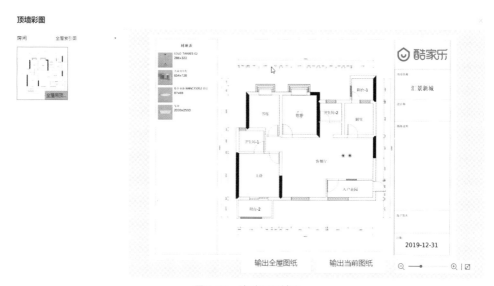

图6-52　瓷砖彩图输出

（3）清单下载

硬装设计完成后，酷家乐还提供了清单下载功能，可以将全屋装修的各项材料清单输出为电子表格形式（图6-54）。

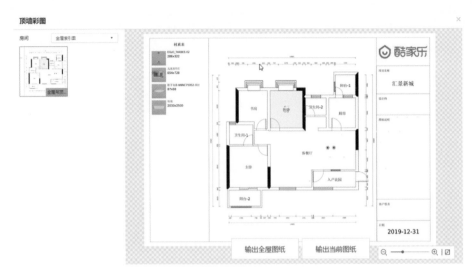

图6-53　顶墙彩图输出

A	B	C	D	E	F	G	H	I	J	K	L	M
酷家乐 KUJIALE.COM					报价清单							
客户名称			制表日期		2019年10月15日		备注					
联系方式			安装日期				金额总计			49122.00		
家庭地址			门店地址									
客餐厅(31.86㎡)												
序号	类型	图示	名称	品牌	型号	规格(mm)	用量	规耗系数	数量	单价	折扣	小计
1-1	收边线		(星立方-踢脚线)-(80910-9)	无		3000*18	30.34米	0	13根		1	0.00
1-2	瓷砖		爵士白	诺贝尔		800*800	4.82平米	0	8片		1	0.00
1-3	瓷砖		V1809200N(1800X900mm)	诺贝尔		1800*900	2.09平米	0	2片		1	0.00
1-4	瓷砖		RT909125	诺贝尔		900*900	0.23平米	0	1片		1	0.00

图6-54　装修材料报价清单

6.4.9 全屋家具定制工具

（1）工具界面

点击行业库中的"全屋家具定制工具"进入全屋家具定制状态（图6-55）。

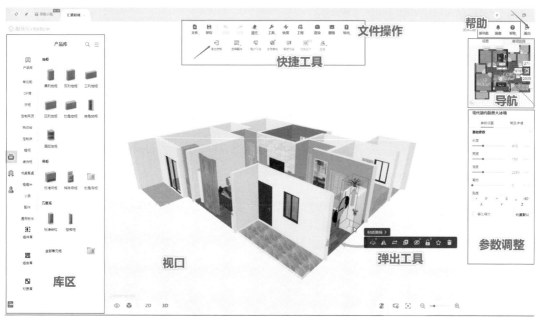

图6-55 主界面

（2）设置风格

在上方的快捷工具按钮部分可以设置整体风格，点击"整体风格"按钮，待弹出选择窗口后选择一种风格后应用；"全局替换"按钮可以快速地整体替换整个方案中的样式、材质等；"智能饰品"按钮可以在家具上快速摆放饰品（图6-56）。

（3）显示模式

全屋家具定制工具提供了三种类型的显示模式：材质模式、线框模式、材质+线框模式（图6-57）。在进行家具的细部设计时，显示出线框能够清晰地看到家具结构。

（4）布置柜体

布置柜体时可在左侧素材库中点击"产品库"直接选择需要的产品类型，然后将产品拖动到窗口中（图6-58）。目前的版本中，产品库中包括单元柜、OP库、衣柜、定制吊顶、梳妆台、定制床、鞋柜、装饰柜、书桌、餐桌、榻榻米、小品、配件、通用板件、护墙板、卫浴柜、水电配件、饰品和柜体等产品素材。

选择放置完成后的柜体会弹出操作工具栏，可在工具栏中对柜体进行移动、变换、复制、删除等操作。同时，柜体上会显示出方向键和尺寸线，拖动方向箭头可调整柜体在该方向上的尺寸（图6-59）。

图6-56 风格列表

(a) 材质模式

(b) 线框模式

(c) 材质+线框模式

图6-57 三种显示模式对比

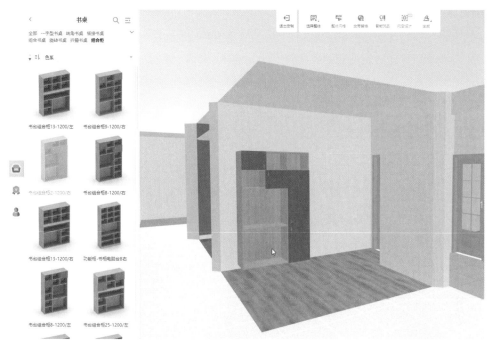

图6-58 产品库选择

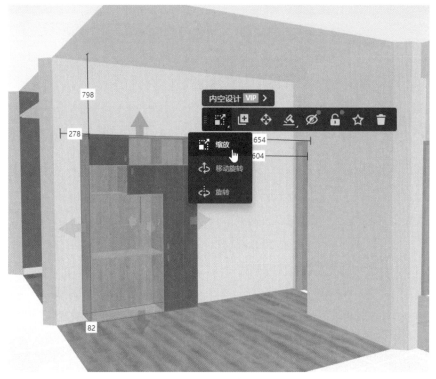

图6-59 柜体操作

（5）布置组件

在组件库中选择所需的门板、抽屉等组件拖动到视口中的柜体上（图6-60），组件库中的组件素材目前包括板件、门板、抽屉、衣通、楣板、空间组合和家饰佳（平台合作商家）。

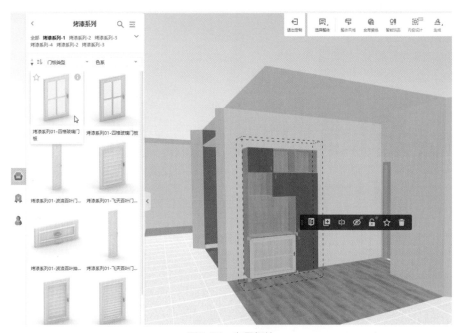

图6-60 布置组件

（6）调整参数和风格

选择布置完成的柜体、组件等，在右侧的窗口中调整各种参数和风格（图6-61）。

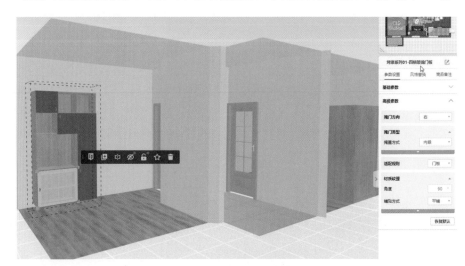

图6-61 参数调整和风格替换

（7）生成

生成功能用来生成厨卫和家具的线脚、台面、水槽、把手等。柜体的主体部分完成后，可在样式库中选择预设的样式（图6-62）。

图6-62　线脚生成

6.4.10　厨卫定制工具

厨卫定制工具的界面和操作与全屋家具定制工具类似，其操作流程基本一致，只是产品库和素材库中是厨卫空间用品（图6-63）。

图6-63　厨卫定制主界面

橱柜的定制可根据厨房布局快速生成（图6-64）。

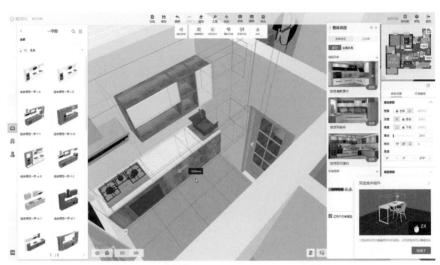

图6-64　成套橱柜

6.4.11　简易柜子实例

定制家具的主要组成部分就是各种形状和尺寸的柜体。这里以简单的柜体为例来演示一下酷家乐软件的使用方法。

（1）创建基础柜体

在产品库中选择最基础的单元柜，选中单个柜体拖动到场景中。

场景中的柜体周围会显示几种类型的箭头和尺寸线，尺寸线的数字显示了柜体各部分到墙体的距离（图6-65）。

图6-65　创建柜体

（2）调整尺寸

鼠标选中并移动柜体上的彩色箭头可以调整柜体尺寸。

用左右箭头调整柜体宽度（图6-66）。

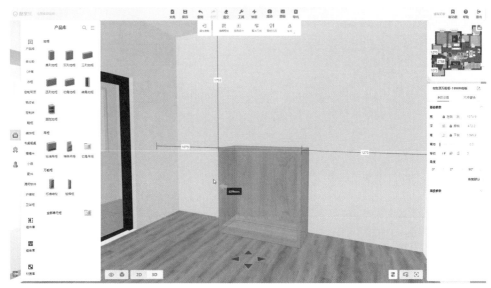

图6-66　宽度调整

用上箭头调整柜体高度（图6-67）。

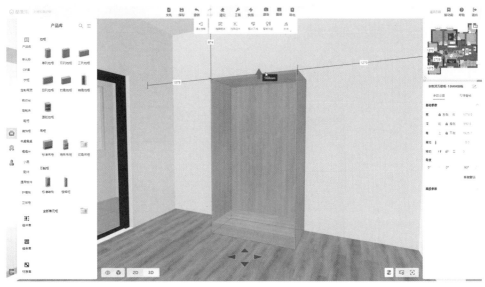

图6-67　高度调整

（3）添加部件

　　基本柜体创建并调整完成后就可以添加门板、竖板、搁板等部件。在"OP库"中选择要添加的部件（图6-68）。

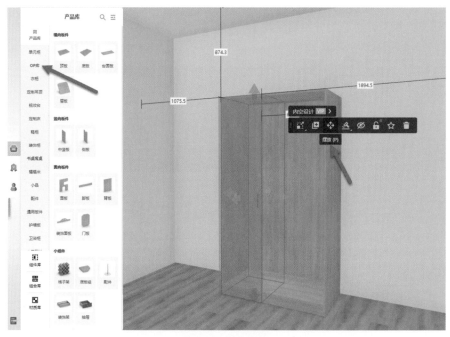

图6-68　添加部件

　　将部件拖动到场景中并选择弹出菜单中的"摆放"按钮，在弹出的浅绿色箭头上做出选择，便可将部件对齐到柜体（图6-69）。

图6-69　摆放部件

如果场景中的柜体和部件较多，为了操作方便可以将一部分对象暂时隐藏。选择对象，在弹出菜单中选择"隐藏"按钮（Ctrl+H）即可隐藏对象，左下角的眼睛图标可以将隐藏对象重新显示（图6-70）。

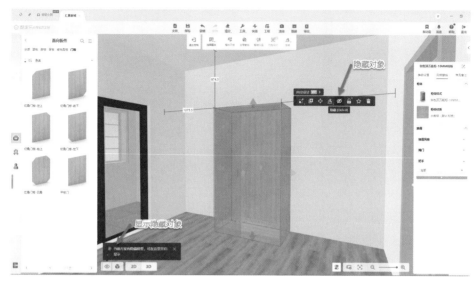

图6-70　显示和隐藏对象

（4）替换材质

默认的板件都是同一种材质，在右侧的"风格替换"工具栏上点击材质可以替换板件的材质（图6-71）。点击"增加把手"按钮，选择把手类型就可以添加把手到门板上（图6-72）。

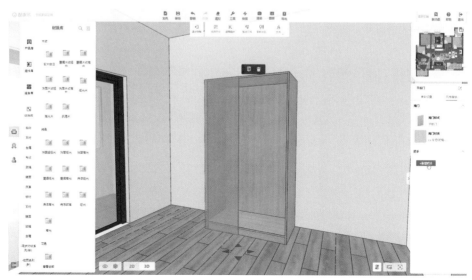

图6-71　替换材质

图6-72　添加把手

（5）添加竖板

在"OP库"中选择竖板可以添加竖板到柜体上（图6-73）。

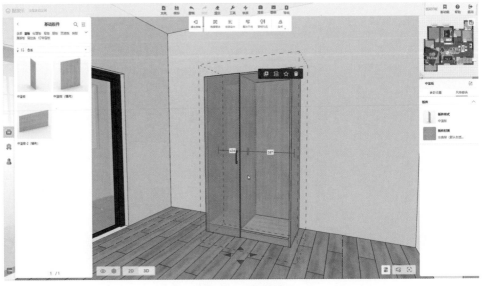

图6-73　添加竖板

（6）添加搁板

以同样的方法拖动几块搁板到场景中，并摆放到右侧柜体中。在弹出菜单中选择"板件均布"可以将几块板件之间的距离进行均匀分布（图6-74）。

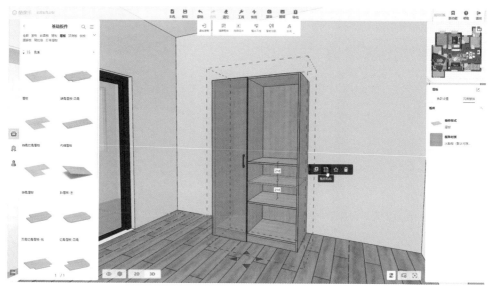

图6-74　添加搁板

（7）添加组件

组件库中有一些板件、门板、抽屉、楣板的素材，还有和商家合作的组件库。

添加抽屉。选择"组件库"中需要的抽屉类型，拖拽到场景中（图6-75）。

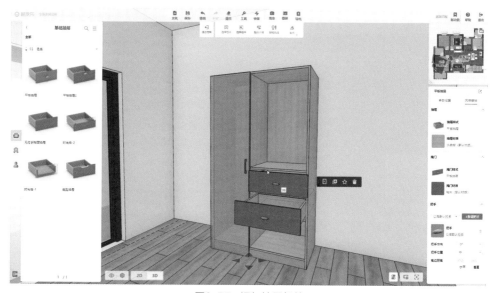

图6-75　添加抽屉组件

（8）添加衣通

在"组件库"中选择合适的衣通拖拽到场景中。衣通会自动对齐到板件，放置后会出现尺寸线，标明衣通和周边板件的距离。

图6-76　添加衣通组件

（9）渲染效果图

选择合适的视角（图6-77）和图片的尺寸比例等，调整摄像机的各项参数，点击"立刻渲染"按钮即可将渲染任务加入队列中。VIP账号可以获得更快的渲染速度和更大的分辨率。

图6-77　设定视角

点击"效果图册"按钮可以看到之前加入渲染队列的任务和已经渲染完成的图片，可以将图片下载到本地保存（图6-78）。

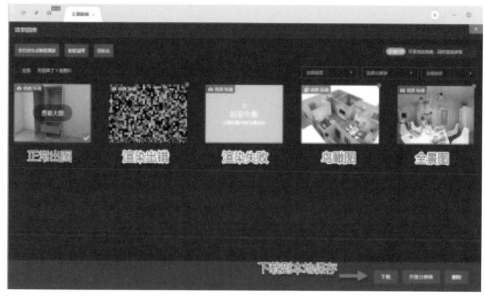

图6-78　渲染保存

（10）生成图纸

图纸文件会被打包成一个压缩包，包括DXF格式图纸和打印样式，以及一份安装说明（图6-79）。

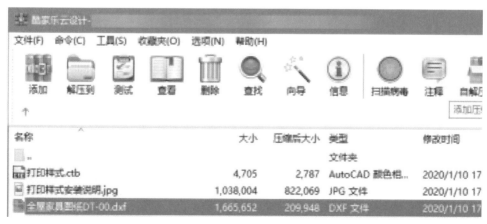

图6-79　图纸文件包

DXF格式的图纸文件可以用Autodesk软件打开（图6-80）。

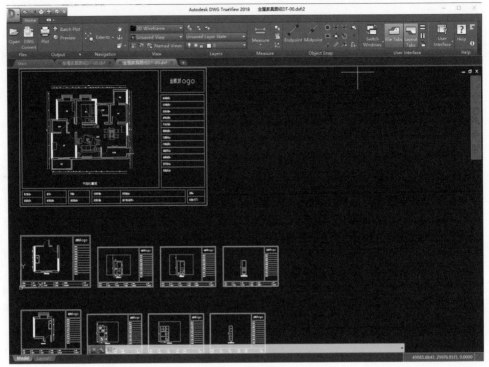

图6-80　图纸打开

第 **4** 篇
专业提升

定制家居终端设计师手册

Handbook
for
the Terminal Designer
of
Home Furnishing Customization

Handbook for the Terminal Designer of Home Furnishing Customization

定制家居终端设计师手册

第 7 章

工艺技术

毫无疑问，智能制造已经成为定制家居行业不可逆转的重要发展方向，是新常态下打造企业竞争优势的必然选择。对于终端设计师而言，既要宏观地了解新常态下整个行业的发展现状，又要深入掌握新常态下整个公司的运营状态、管理流程、技术水平等，才能减少出错率、提高签单率、优化设计和促进方案落地，进而不断提升业务能力。

如今，定制家居行业以自带互联网基因的优势，以颠覆性的创新能力成为传统产业转型升级的典范，成为工业4.0的先进践行者。定制家居行业通过信息化和工业化高层次的深度结合，形成"大规模定制平台＋自动化生产线"，真正解决了个性化定制与规模化生产之间的矛盾，实现了柔性化智能制造生产。本章将重点介绍定制家居智能制造基础流程和工艺技术，增强终端设计师对产品制造端相关知识的认知。

7.1 智能化生产概述

智能制造（Intelligent Manufacturing，IM）是一种由智能机器和人类专家共同组成的人机一体化智能系统，它在制造过程中能进行智能活动，诸如分析、推理、判断、构思和决策等。智能制造是一项复杂而庞大的系统工程，其基本格局是分布式多自主体智能系统。对定制家居产业而言，了解智能制造系统需要有一个全方位的系统认知，需要了解"家居制造业＋互联网"这一智能制造关键技术，需要先了解定制家居产品制造的互联网基因和思维。如何利用互联网、大数据、云计算、物联网等科技手段来指导家居产品的制造过程，从而实现家居产品制造过程的自动化、柔性化、智能化和高度集成化。

智能制造工厂，作为一个庞杂的智能体系，既需要获得自动化设备连线，也需要针对客户量身定做信息化支持和及时动态的图表与信息反馈，涉及以下三方面的关键内容。

（1）智能化生产中需要全面考虑的因素

智能化生产中需要考虑的要素很多，从原材料准备开始到包装入库结束的整个生产过程，要素间有千丝万缕的联系，所谓牵一发而动全身，所以每个环节都要高效、精准、稳定，具体内容详见图7-1。

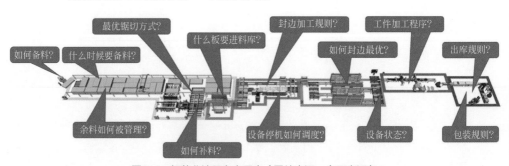

图7-1 智能化流程考虑因素（图片来源：金田豪迈）

（2）智能化生产中的信息流规划

信息流规划顺畅与否是衡量智能加工效率的重要指标，所谓信息流，即信息自信源经信道至信宿的过程。信息流规划的根本目的就是理顺信息流，明确信源、信宿、信道，保证信息流顺畅，使准确的信息在最恰当的时间传递给最需要的用户，并在此基础上加速物流、资金流、业务流的运转，最终提升企业的核心竞争力。信息流作为信息传递过程有其本身固有的特点，有特定的信息输入与输出及特定的流动方向，最终会获得有用的价值。针对自动化设备而定制化的信息流程规划方案，是贯穿产品设计销售、订单处理、生产计划、智造跟踪、流程管控、设备及生产品质管理、企业信息资源整合等各个环节的信息流动和汇集，是不同软件之间的融会贯通过程（参见图7-2）。

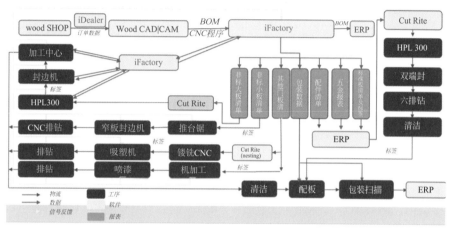

图7-2　信息流规划图（图片来源：金田豪迈）

（3）智能化生产中的信息反馈

信息流反映着物流、资金流的运动状态及运动形式，信息流的准确顺畅是物质流和资金流高效运行的保证，因此随时掌控定制家居生产中的信息流非常重要。在工厂内建立一定的信息化管理看板，及时精确地反映出当前设备的状态，产品进度状态，设备总体稼动率状态，管理者可以快速通过看板去做精确的生产调整和管控。有效平衡智能制造车间的生产进度稳定，提高设备的利用率（图7-3）。

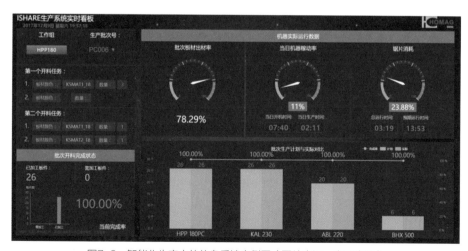

图7-3　智能化生产中的信息反馈案例图（图片来源：金田豪迈）

7.2 生产流程

7.2.1 图纸检验

定制家居的设计图纸一般由终端销售门店的设计师完成。设计师本身的技术水平参差不齐，加之每一个订单的家具又不尽相同，图纸很容易出现误差和错误。因此，在正式下达生产任务前，必须对设计图纸进行审核，保证设计图纸的规范和准确，确保生产任务的正确进行。店面设计师专用绘图软件将在软件设计章节做更详细的介绍。

7.2.2 工厂接单

首先要介绍一下拆单软件，以豪迈集团的 Wood CAD/CAM（WCC）为例（德国豪迈集团"HOMAG"是木工行业全球领先的集成解决方案供应商，占据全球同行业30%以上的份额，国内的销售商为金田豪迈）。这是一款基于 Auto CAD、集合板式家具设计与生产工艺的实用型软件。通过柔性化参数设置来定义家具产品的造型、结构及工艺规则，自动为生产提供包括开料清单、物料清单、五金清单、外购清单、DWG图纸、加工程序、包装清单等各种生产文件，并为成本核算提供必要的依据。

以下是 WCC 的一些特点及优点。

（1）参数化设计

产品尺寸、工艺结构、材料都通过参数化方式进行柔性定义，用户可根据需要自行添加或调整，通过变量方式进行一键式修改，对产品元素进行精确定义，无论是尺寸造型、五金孔位，还是材料结构、配合间隙，都与目标实体保持完整一致。

（2）与店面设计师软件无缝对接

设计师软件调用的数据库直接来源于 WCC 数据库，前后端数据库的一致性保证了设计师软件中的产品可以及时更新，设计师软件回传的订单可以直接、准确无误地拆解。避免了订单信息的反复确认，有效降低出错率，缩短交货周期。

（3）与主流CNC设备无缝对接

WCC 自动输出对接裁板优化软件（Cut Rite）的裁切清单。WCC 拆单产生打孔、开槽、镂型、铣削、封边等各种程序，无缝对接主流 CNC。

（4）产品建模简单快捷

基础数据库（板材、五金、边材等）和工艺规则确定后，可快速创建一个全新的订单，操作简单快捷。随着数据库的不断完善，新产品开发时只需调用、修改参数和命名另存，便可得到新的产品模型。

（5）数据库平台安全可靠

所有的数据都存储在微软SQL的数据库中，通过SQL平台来存储和调用数据，实现数据的共享和各个部门协同工作。SQL保证了数据的安全性和稳定性。

（6）强大的五金配件功能

自带著名厂商五金配件库，如海蒂诗、海福乐、百隆等。客户也可以根据实际需要自主添加新的五金件。

（7）WCC生产拆单，数据自动输出

随着建模的完成，保存订单后，可以自动生成各种图表，例如结构图、爆炸图、效果图、CNC加工程序、零部件图、封边示意图和开料清单等多种报表清单，且报表内容可以转换成Excel格式。

工厂接单的主要包括以下两个步骤。

7.2.2.1 备库存

除了物理的仓储中心外，我们还需要相应智能化的仓储管理系统（图7-4、图7-5）。工厂利用仓储管理系统（WMS），根据门店订单信息，预估所需原材料的用量，建立安全库存。其中，主材包括中纤板、刨花板、封边带、吸塑膜、包覆膜等；辅材包括刀具、模具、胶黏剂等。排序仓库对将进入裁切工序的板件进行缓冲和分拣，能够将各种材料快速、自动化并准确地入库存储、转移出库、排序或输送给下一个工序的加工机器，为工业化生产创造了足够的空间。

豪迈公司通过WoodStore为存储系统提供智能控制，是保证仓储中心运行的关键环节。它是每一个存储系统的大脑，并能优化仓储中的所有流程。WoodStore可将订单系统

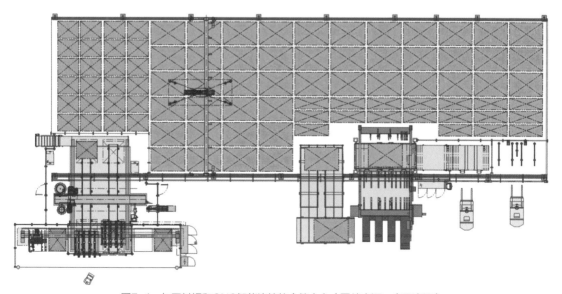

图7-4　与开料锯和CNC智能连接的仓储中心（图片来源：金田豪迈）

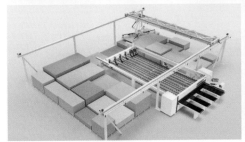

图7-5　板材仓储系统（图片来源：金田豪迈）

与订单处理相关联，管理剩余材料，优化物料移动。仓储控制系统可通过其模块计算出最适合客户的仓储组织。

7.2.2.2　接单

（1）拆单

拆单工序是从设计图纸到加工文件的转化阶段。拆单的任务是要把前期设计好的家具订单拆分成为相应的板件、五金等信息，并且根据零部件的加工特性对加工过程中的分组、加工工序、加工设备等详细步骤进行规划。每一个订单都会有自己的生产单号，拆单结果将以生产数据文件的形式保存，内容包括生产加工所需的详细信息。生产系统中的计算机可以识别这些数据，并能够控制加工设备进行加工。拆单过程通过计算机完成，得益于高速的互联网云系统，整个过程只需要几秒钟，大大提高了生产效率。

（2）报价

拆单后的信息会同步流入报价系统，对订单进行报价，报价后的信息及拆单后信息统一会流入企业资源计划（ERP）系统中完成接单。

7.2.3　排产

为满足定制产品不同板件尺寸的要求，需要对订单进行批次排产优化，才能实现规模效应，提高板材利用率和生产效率与品质。板式家具批次排产中最主要的环节是开料优化，该环节要充分考虑到板材出材率、生产效率，以及在后端工序中的板件加工方式的分类。这里重点介绍一下豪迈的裁板优化软件Cut Rite。

Cut Rite作为金田豪迈数字化生产解决方案的一部分，是德国HOLZMA公司结合其电子开料技术和德国家具企业生产经验而开发的裁板优化软件，旨在帮助客户在开料时有效控制成本、提高效率。其主要特点及优点如下。

（1）成本取向

Cut Rite软件在逻辑运算当中综合考虑了板材成本和锯切成本（电费和设备折旧、人工等）两方面因素，最后给出一个成本最低的锯切方案。例如：当板材较贵而人工和锯切成本相对较低时，最终锯切方案更倾向于提高出材率，反之，则更倾向于提高锯切效率。

（2）无缝对接，定向优化

对具备软件接口的Holzma电子锯机型和数量没有限制，一套软件可为多台电子锯甚至是多个工厂提供定向优化方案，可根据不同机型特点或机台参数提供不同的优化方案，以充分发挥电子锯产能。

（3）揉单生产

Cut Rite对同一个料单中的工件数量、板材种类和数量没有限制，而且提供多料单合并优化功能（揉单），软件在优化过程中将自动进行分类统计，在出材率和效率方面都会有很大提升。

（4）余料管理

Cut Rite有余料管理功能，即余料可自动归库，下次优化时可优先使用余料，由于余料在锯切的时候也有标签管理，故可以有效地识辨余料，方便余料的流转和再利用。

（5）报表丰富

包括管理报表、板材清单、成本报表、锯切图、余料报表，这些报表可以给工厂做数据分析时提供准确依据；锯切图可提供给电子锯或推台锯使用，同时提供锯切图二次编辑功能。图7-6是管理报表，板材数量、出材率、锯切时间、成本等开料信息一目了然。图7-7是锯切图，锯切图中的工件尺寸用于防止错误发生。

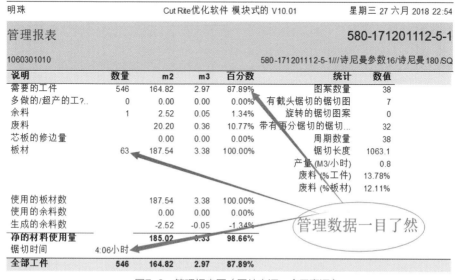

图7-6 管理报表图（图片来源：金田豪迈）

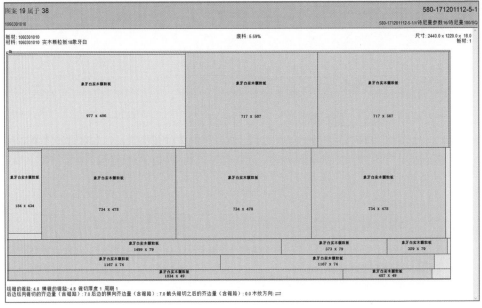

图7-7　锯切图（图片来源：金田豪迈）

（6）标签—工件一贴

Cut Rite 提供多种选择，可以一工件一贴，也可一摞一贴。电子锯每次锯切都会发一个指令给到打印机，标签与工件是同步产生的，这就可以有效地避免张冠李戴的贴错现象（图7-8）。工件标签是工件生产的唯一信息，类似身份证，让工件错包、漏包现象很难出现。

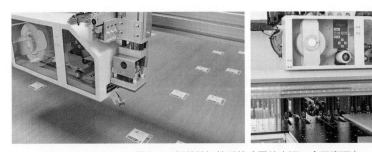

图7-8　板件贴标签系统（图片来源：金田豪迈）

从工厂排产的主要环节总结来说，简要分为以下三个步骤：

① ERP 系统可以依据订单中的柜体结构，以及不同结构对应的工艺路线，实现分单处理，即将板件分给不同区域的工厂，具体到工厂的某个车间工段甚至精确到板件加工的机台；

② 将同一订单中按板件类型进行拆散，并将不同订单中相同的结构、相同花色，分到一个批次的具体设备进行加工；

③ 批次优化系统可对同一批次的板件进行优化，例如给出开料或吸塑造型最佳组合方式，来提高板件利用率和叠板率。

7.2.4 生产

生产设备自动化是实现柔性生产的必要条件，以金田豪迈为例，简要介绍主要工艺路线上的智能机械设备。

（1）自动化备料库

自动化备料库是智能化生产不可缺失一个环节，批次优化后系统会将裁切计划分配给原料库按照实际锯切计划依次准备好材料（图7-9、图7-10）。

图7-9　自动化备料库（图片来源：金田豪迈）

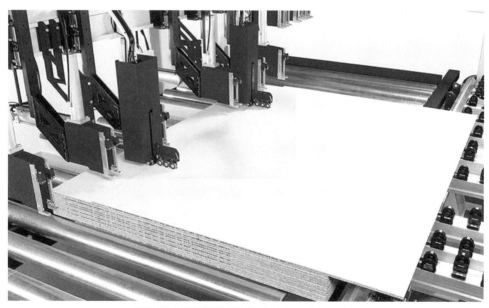

图7-10　板件推进系统（图片来源：金田豪迈）

（2）开料

　　高效的开料是定制家具生产的关键，需要专业的开料生产线设置（图7-11）。拆单后的生产数据，根据订单板件分类、客户交期、生产周期、物流等因素进行揉单合批，然后由优化软件按照批次进行优化，生成加工数据上传共享和板材数据上载ERP进行领料，工人只需选择相应的批次文件，高效率的全自动电子开料锯（图7-12）会根据文件中的数据裁切板材，联机的条码打印机同时打印出条形码。每一个条码就是板件的身份证，是后续的加工工序中识别板件的唯一标准。工人只需扫描板件的条形码，加工设备就会自主对板件进行后续加工。电子开料锯的控制软件可以对开料方案进行优化，通常采用套裁的方法精准切割，从而提高裁切的出材率和裁切效率（图7-13、图7-14）。

　　普通的裁板锯也有自己的用武之地，一般是作为电子开料锯的补充使用。一些非标准、少量的板件裁切可以用它来完成，例如，运输过程中损坏的板件需要补发。

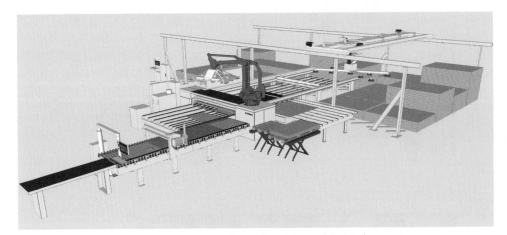

图7-11　板材开料生产线（图片来源：金田豪迈）

图7-12　全自动板材开料锯（图片来源：金田豪迈）

图7-13 套排法裁板（图片来源：金田豪迈）

图7-14 在线连续裁切过程中的自动精切割（图片来源：金田豪迈）

（3）板材缓冲

缓冲系统用于分离开料阶段的功率峰值，并调整封边加工的物料流。该系统能够实现整个生产流程的最大利用率，如图7-15所示。

图7-15 缓冲系统（图片来源：金田豪迈）

（4）封边

定制家具板件的封边与普通板式家具基本一致，只是为了适应小批量、多品种的要求，针对封边工序做了大量优化工作，一般采用自动化程度高的封边设备构成的柔性化生产线，如图7-16、图7-17所示。例如，为了提高加工效率，很多新型的封边机上采用激光来加热封边。有的封边机还添加了开槽功能，通过在封边流程后方加上开槽锯片，可以在封边加工后直接对板件进行开槽操作，节省了一道工序。有的采用柔性化封边机（图7-18）对曲面进行封边。

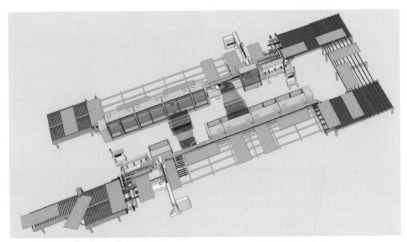

图7-16　柔性化封边生产线（图片来源：金田豪迈）

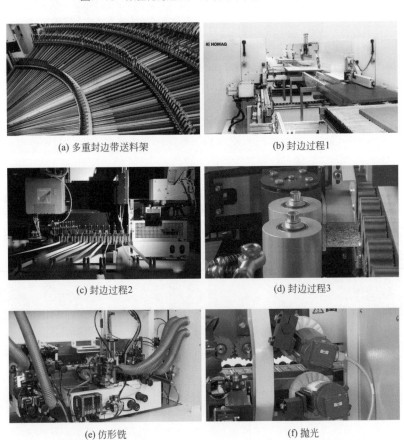

(a) 多重封边带送料架　　　　　　　　　(b) 封边过程1

(c) 封边过程2　　　　　　　　　　　　(d) 封边过程3

(e) 仿形铣　　　　　　　　　　　　　　(f) 抛光

图7-17　自动封边机工作流程与构造（图片来源：金田豪迈）

图7-18　全自动柔性化封边机（图片来源：金田豪迈）

（5）槽孔加工

定制家具的操控加工大多使用数控钻孔中心完成。数控钻孔中心可以在一台设备上实现板件多个方向上的钻孔、开槽、铣削等加工（图7-19、图7-20），无需人工对设备进行调整，只需在加工前对板件的条形码进行扫描，设备就可以自行对板件进行加工，

图7-19　钻孔和开槽机（图片来源：金田豪迈）

(a) 换刀系统

(b) 垂直高速钻孔驱动装置

(c) 水平高速钻孔驱动装置

(d) 水平注榫

图7-20　数控钻孔中心基本构造（图片来源：金田豪迈）

避免了传统板式家具加工槽孔加工环节中多台设备调整复杂、工序繁多的缺点。

数控钻孔中心的操作流程如下。

① 开机准备。

② 扫描板件标签。这时需要注意，如果钻孔中心可以联网获取加工文件（包含钻孔开槽的相关信息），则只需要直接扫描条码即可，设备会自动读取槽孔位置信息并进行加工。否则，就需要手工将加工文件复制到钻孔中心的控制电脑中。

③ 夹紧板件，启动加工。

④ 清洁修整。加工完毕的板件需要对表面残留的木屑等进行清洁，同时需要对板面上的胶水线、记号和其他渣滓进行清洗。

⑤ 堆放板件。根据板件的批次、尺寸和力学等各方面的要求将板件堆放到推车上，等待进入下部工序。

（6）品质检测

自动的生产线流程中不可缺失的一个环节，通过快速的检测系统对板材本身的任何加工过程中产生的瑕疵快速锁定（图7-21）。

图7-21　板材品质检测（图片来源：金田豪迈）

（7）智能分拣

分拣通常在智能分拣中心内进行（图7-22）。生产线中多个批次的订单混合生产，最后一个环节通过机械手自动分开，分拣的效率和准确性是定制家具高效生产的关键。以机器人为中心元素，分拣单元可以在最小的空间中生成最大存储容量。作为缓冲、分离和分拣的可靠解决方案，机器人能够提高生产性能并提升产量。高重复精度和可用性使机器人成为分拣单元的核心元素，使生产流程具有可计划性（图7-23）。

图7-22 订单批次智能分拣中心（图片来源：金田豪迈）

图7-23 机器人分拣单元（图片来源：金田豪迈）

7.3 包装与物流

7.3.1 智能包装

　　智能包装系统可完成对包装材料统筹规划和合理使用的计算、机械手搬运、纸箱制作及打包一系列过程（图7-24）。从订单产品生产顺序进行总结，工厂包装生产的主要包括裁纸、折纸、入料、封箱、堆垛五个步骤。自动化包装工艺的大致路径流程如图7-25所示。

图7-24 家具智能包装设备（图片来源：金田豪迈）

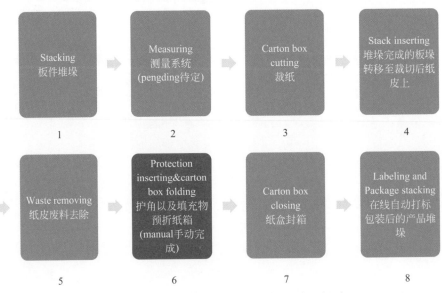

图7-25 自动包装工艺路径流程（图片来源：金田豪迈）

7.3.2 物流运输

定制家具的存储和普通家具不同，定制家具由于有明确的客户需求，一般不会出现库存现象。但是一批家具在各个部分生产完成前，或成品在进入物流环节之前需要在工厂暂存周转，存储这些周转成品的地方就是成品库。未来智能工厂的规划，自动仓储物流系统也是重要环节之一，包括自动入库、自动存储与自动出库，见图7-26。

从订单板件生产完成至客户家，主要经过以下三个步骤。

① 预计出货量：利用ERP系统，可以预估每包重量，从而安排实际出货的订单量。

② 物流信息共享：利用TMS运输管理系统，可实现订单管理、调度分配、行车管理、GPS车辆定位系统、车辆管理、人员管理、数据报表、基本信息维护、系统管理等功能。

③ 送货上门：经销商将订单内的产品集中到区域后，再次进行分拣，并将同一订单的货送至客户家中。

图7-26　包装自动入库、存储和出库（图片来源：金田豪迈）

7.4 安装与调试

定制家具的特点决定了其最终安装过程不会在厂家完成，而是由客户所在地门店的安装工负责。由于定制家具自身的结构比较规范，连接方式比较标准，安装人员只需要进行一定时间的培训就可以掌握安装方法。为了确保家具的结构尺寸等不出现问题，较为复杂的家具会在生产完成后在工厂进行试装，试装无误后，拆开再进行包装。现场安装操作时，安装工只需要参考设计图纸就可以完成。现场安装过程包括定制家具自身的组装、定制家具与墙体配合等。

安装前需要先联系客户预约时间，并根据订单的工艺要求、安装难易程度、安装速度等规划安排人员组成，准备安装工具和相关文件，按约定时间到达现场。

现场安装流程如下。

① 检查包装的完好性，根据订单对零部件进行核对。

② 清理操作区域。首先要清洁柜体安装部位的地面和墙面防止安装后无法清洁，对柜体稳定性造成影响。其次，还要在顾客家中规划出一个工作区域，清洁后在此区域进行组装操作。安装时可以将包装材料平铺到地面，这样可以保护家具表面，同时保护客户地面，如图7-27所示。

图7-27　安装过程中尽可能保护家具表面（图片来源：卡诺亚家居）

③ 组装柜体、抽屉等部件。组装过程中要注意对照结构图纸，根据指定的顺序进行组装。

④ 安装柜体。安装柜体时，需要对客户室内的尺寸进行再次测量，确保柜体可以安装到位，如果出现地面高度不平，墙体缝隙等问题时，需要对柜体的尺寸进行调整。

⑤ 安装功能组件。将组装好的功能组件安装到柜体上，并进行调试。

⑥ 处理交界处。对柜体与墙面、柱体、天花板等各个方向的交界处进行处理，对缝隙进行填充，并使用同色盖板遮挡。

⑦ 安装验收。对柜体结构稳定性进行检查，确保连接紧密，结构上横平竖直。活动部件、功能组件的可用性进行检查，确保功能稳定可靠。

⑧ 清洁家具和场地。清理安装过程中产生的杂物和家具上的灰尘等，清理加工痕迹。检查工具、配件的完整性。

7.5 质量管控与售后

7.5.1 质量管控

（1）客户记录

客服会将出现的质量问题，以及形成改补单的信息进行记录、汇总、分类，划分责任后，定期公布。

（2）质量分析

质量部门会利用商业智能（BI）系统，将出现改补的订单，或前端的投诉进行导出，分析出现问题的原因，重点关注，以防止批量事故持续或再次发生。

7.5.2 售后服务

为保障消费者利益，定制家具公司都会提供相应的售前、售中及售后服务。

（1）售前

免费上门量房、免费设计服务。

（2）售中

短信提示订单受理、订单查询服务；免费送货到家、安装服务；产品颜色、型号、尺寸与合同约定不符的，提供免费更换服务。

（3）售后

产品一年保修、终身维护；投诉专人负责制服务。

7.6 常用先进技术

定制家具的生产过程中大量应用了各种先进制造技术。得益于计算机信息技术的发展，企业与客户的沟通、对生产过程的控制更加精准，生产系统更加高效。

7.6.1 成组技术

成组技术（Group Technology，GT）定义为：将企业的多种产品、部件和零件按一定的相似性准则分类编组，并以这些组为基础，组织生产的各个环节，从而实现多品种，中小批量的产品设计制造和管理的合理化。

成组技术的基本原则是根据零件的结构形状特点、工艺过程和加工方法的相似性来对所有产品的零件进行系统的分组，将类似的零件合并、汇集成一组后重新组织生产加工，从而变小批量生产为大批量生产，提高生产效率。定制家具的材料种类相似、结构设计遵循32mm系统，不同产品的工艺流程基本一致，非常符合成组技术应用的要求。实际生产中企业往往将多个订单分拆组合到一起，形成新的生产批次，有些厂商称为生产"节"。单个生产节一般包括10～12个订单，可以兼顾高效率和灵活性。

7.6.2　柔性生产技术

柔性生产（Flexible Production），是指主要依靠有高度柔性的以计算机数控机床为主的制造设备来实现多品种、小批量的生产方式。生产方式，一般是指企业整体活动方式，包括所有制造过程与经营管理过程。其优点是增强制造企业的灵活性和应变能力，缩短产品生产周期，提高设备利用率和员工劳动生产率，改善产品质量。

定制家具生产中大量应用了柔性生产技术，例如在打孔工序，传统的板式家具生产中为了适应大批量生产的要求会根据系统孔、连接件孔等不同的孔使用不同的加工设备、多个工序进行加工。而定制家具生产中大多将打孔工序集中采用CNC数控钻孔中心来完成，钻孔中心的"柔性"较强，可适应不同零部件多种槽孔的加工，虽然多排钻床的打孔效率要高很多，但是多个工序合并后采用CNC数控钻孔中心的整体效率更高。

7.6.3　ERP+CRM系统

ERP（Enterprise Resource Planning）——企业资源计划的英文首字母缩写，它是以企业的物流、资金流、信息流三大资源流为主体管理内容的一种企业管理系统。CRM（Customer Relationship Management）——客户关系管理，是旨在改善企业与客户之间关系的新型管理机制。目前，定制家具企业在生产经营中已经开始将ERP和CRM系统融合，同时将设计、生产制造、销售系统整合成为一体。

定制家居终端设计师手册

第 **8** 章

人体工程学

　　随着用户对生活品质要求的提高，家居环境的舒适性越来越受到重视，尤其是对定制家具的个性化要求越来越高的时期，在定制家具设计的过程中充分考虑人体工程学原理和要素，用人体工程学方法来改善家具的舒适度，提高家居环境的安全性会成为定制家具设计中不可或缺的环节。

8.1 人体工程学基础知识

想成为更优秀的定制家居终端设计师，基本的人体工程学常识是必备的知识储备。不论是设计专业出身的设计师还是普通的消费者，我们都经常听到"人体工学设计""符合人体工学"等宣传语，从交通工具到手机再到日用品，可谓覆盖了生活的方方面面。对于大多数人来说"人体工程学"听上去很容易理解，仔细想想又不明白，那么它到底是什么？

8.1.1 人体工程学的内涵

"人体工程学"在不同领域有不同的称呼，有的称为"人机工程学"，有的称为"人因学"，还有"人机工效学""人类工效学"等多个名字。目前来说，国际上有个统一的称呼叫作"Ergonomics"，中文翻译成"人类工效学"，正因为如此，国内外很多与人体工程学相关的产品名字上都带有"Ergo"的词缀。

人体工程学思想由来已久，但"人体工程学"作为一门学科出现的时间很短。大约在二战之后，随着世界各国经济复苏和社会快速发展，人们开始越来越重视人性化，在工程领域内开始投入更多的人力、物力来从事人体工程学方面的研究。建筑、室内、家具领域因为和人体的关系密切，都把人体工程学作为基础知识来进行学习和应用。

8.1.2 人体工程学在家具设计中的作用

作为设计师大家经常会听到客户提出"我们家有小孩，栏杆高一些""灶台太高了，做饭的时候胳膊很累""床垫太软，我要硬的"等诸如此类的问题。毫无疑问你已经遇到了人体工程学问题，想要解决这些问题就要先从人体工程学的基础开始。在建筑空间和家具设计领域内，人体工程学主要研究空间、家具和人之间的交互关系，并根据实际需要进行优化（图8-1）。

人体工程学是满足个性化需求的重要基础。这里说的个性化不仅仅是在外观等方面和其他家具产品有差异，而是在家具设计的整体流程中，我们都需要根据人体工程学原理对家具的尺寸、结构、材料、功能、色彩等各方面进行合理的设计，对生产加工的过程进行科学的规划，对使用者的舒适性、安全性等各方面进行考量。简单点说就是要根据客户个人的需求来设计家具和家居环境。

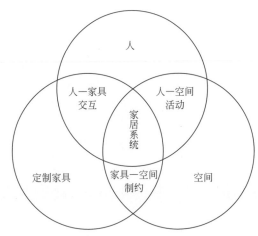

图8-1 人一定制家具一空间三者之间的交互关系

8.2　人体工程学考虑的因素

定制家具的出发点就是根据用户的需求来定制能够满足需要的家具。目前定制家具行业内的"定制"点主要还是基于家具与空间的制约关系，其他方面的可定制性不足。

实际生活中，用户对于家具的需求多种多样，能影响家具设计的因素也很多（图8-2）。一般包括人的生理和心理特点、人的行为和活动、储物的类型和特点等，具体一点，主要包括用户的身体尺寸、活动能力、视力、力量、物品尺寸等。其中最基本的也是定制家具设计师考虑最多的应该是尺寸方面的需求。

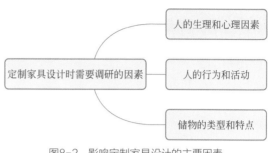

图8-2　影响定制家具设计的主要因素

8.2.1　尺寸的要求

尺寸方面的需求通常包括三个部分。

（1）要满足空间的需要

定制家具应该根据建筑空间的尺寸进行设计。定制家具能够快速发展的一个重要原因就是定制家具产品可以充分利用有限的室内空间，如墙角、床底、柜顶等，之前难以利用的空间现在都可以被使用了。由于各种复杂的原因，建筑空间可能变得不规整（图8-3），充分利用空间的重要性不言而喻。

（2）功能的需要

定制家具必须具备用户所需要的储物、收纳、间隔空间等方面的功能。每个家庭都有自己的储物需求，这和家庭的生活习惯、家庭成员的特点息息相关。如设计师需要独特的空间来存储自己的资料，孩子需要存储玩具，女人需要存储大量的包和鞋子（图8-4），这些都需要对家具的功能结构进行特别的设计。

（3）满足用户个体需要

用户的个体需求通常包括：

① 家具各部分的功能尺寸要匹

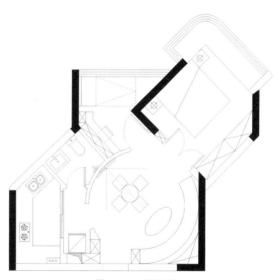

图8-3　不规则户型

图8-4　个人存储需求差异巨大

配用户的人体尺寸，避免小孩子够不到桌面，老人拿不到柜顶的箱子，做饭时拿不到吊柜上的罐子等问题；

② 家具各种功能部件的操作方式和力学大小要满足人体机能的要求；

③ 要满足人的行为空间需求，家具形成的空间要能满足用户在从事各种活动时的基本要求；

④ 要满足用户的心理空间需求，避免因空间过小、过大，颜色深浅等造成压抑感、空旷感。

8.2.2　人体主要尺寸

定制家具的用户是千差万别的独立个体，如果要根据个体的需求来进行家具设计就必须掌握个体的特性，包括共性和差异性，并需要对人体的基本尺寸做适度的测量和了解。

（1）人体尺寸测量标准

目前我国人体测量标准为GB 10000—1988《中国成年人人体尺寸》，新的标准正在制定中。标准中定义了人体测量的各种尺寸测量方法和定义，共列出了47项我国成年人人体尺寸数据，按性别分开且分为3个年龄段列出：18～25岁（男、女），26～35岁（男、女），36～60岁（男）、55岁（女）。国家标准GB/T 13547—1992《工作空间人体尺寸》中提供了包括立、坐、跪、爬等作业姿势的功能尺寸数据，可用于各种与人体相关的任务操作、空间布局等方面的设计。

（2）常用人体尺寸

定制家具设计需要掌握的人体尺寸主要包括：人体主要尺寸（图8-5和表8-1）、立姿人体尺寸（表8-2）、坐姿人体尺寸（图8-6和表8-3）、人体水平尺寸（表8-4）。

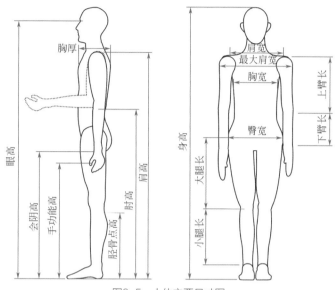

图8-5　人体主要尺寸图

表8-1　人体主要尺寸　　　　　　　　　　　　　　　　　　　　单位：mm

百分位数	男（18~60岁）							女（18~55岁）						
	1	5	10	50	90	95	99	1	5	10	50	90	95	99
身高	1543	1583	1604	1678	1754	1775	1814	1449	1484	1503	1570	1640	1659	1697
上臂长	279	289	294	313	333	338	349	252	262	267	284	303	308	319
下臂长	206	216	220	237	253	258	268	185	193	198	213	229	234	242
大腿长	413	428	436	465	496	505	523	387	402	410	438	467	476	494
小腿长	324	338	344	369	396	403	419	300	313	319	344	370	376	390

表8-2　立姿人体尺寸　　　　　　　　　　　　　　　　　　　　单位：mm

百分位数	男（18~60岁）							女（18~55岁）						
	1	5	10	50	90	95	99	1	5	10	50	90	95	99
眼高	1436	1474	1495	1568	1643	1664	1705	1337	1371	1338	1454	1522	1541	1579
肩高	1244	1281	1299	1367	1435	1455	1494	1166	1195	1211	1271	1333	1350	1385
肘高	925	954	968	1024	1079	1096	1128	873	899	913	960	1009	1023	1050
手功能高	656	680	693	741	787	801	828	630	650	662	704	746	757	778
会阴高	701	728	741	790	840	856	887	648	673	686	732	779	792	819
胫骨点高	394	409	417	444	472	481	498	363	377	384	410	437	444	459

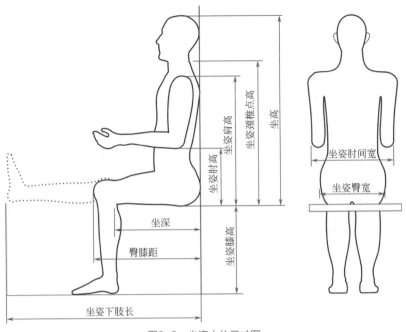

图8-6　坐姿人体尺寸图

表8-3　坐姿人体尺寸　　　　　　　　　　　　　　　　　　单位：mm

百分位数	男（18~60岁）							女（18~55岁）						
	1	5	10	50	90	95	99	1	5	10	50	90	95	99
坐高	836	858	870	908	947	958	979	789	890	819	855	891	901	920
坐姿颈椎点高	599	615	624	657	691	701	719	563	579	587	617	648	657	675
坐姿眼高	729	749	761	798	836	847	868	678	695	704	739	773	783	803
坐姿肩高	539	557	566	598	631	641	659	504	518	526	556	585	594	609
坐姿肘高	214	228	235	263	291	298	312	201	215	223	251	277	284	299
坐姿大腿厚	103	112	116	130	146	151	160	107	113	117	130	146	151	160
坐姿膝高	441	456	464	493	525	532	549	410	424	431	458	485	493	507
小腿加足高	372	383	389	413	439	448	463	331	342	350	382	399	405	417
坐深	407	421	429	457	486	494	510	388	401	408	433	461	469	485
臀膝距	499	515	524	554	585	595	613	481	495	502	529	561	560	587
坐姿下肢长	892	921	937	992	1046	1063	1096	826	851	865	912	960	975	1005

表8-4　人体水平尺寸　　　　　　　　　　　　　　　　　　　　　　　　单位：mm

百分位数	男（18~60岁）							女（18~55岁）						
	1	5	10	50	90	95	99	1	5	10	50	90	95	99
胸宽	242	253	259	280	307	315	331	219	233	239	260	289	299	319
胸厚	176	186	191	212	237	245	261	159	170	176	199	230	239	260
肩宽	330	344	351	375	397	403	415	304	320	328	351	371	377	387
最大肩宽	383	398	405	431	460	469	486	347	363	371	397	428	438	458
臀宽	273	282	288	306	327	334	346	275	290	296	317	340	346	360
坐姿臀宽	284	295	300	321	347	355	369	295	310	318	344	374	382	400
坐姿两肘间宽	353	371	381	422	473	489	518	326	348	360	404	460	478	509
胸围	762	791	806	867	944	970	1018	717	745	760	825	919	949	1055
腰围	620	650	665	735	859	895	960	622	659	680	772	904	950	1025
臀围	780	805	820	875	948	970	1009	795	824	840	900	975	1000	1044

（3）影响人体尺寸的因素

影响人体尺寸的因素很多，如年龄、性别、地域、营养状况、人种等。定制家具设计过程中应主要考虑同一个家庭中的成员差异，因此对其影响最大的主要是性别和年龄。两性在身体尺寸上有很大的差异，除了臀围尺寸外，一般男性的各部分尺寸都大于女性。在大家都熟悉的概念中，男性一般会高一些，手臂长一些，力气大一些（图8-7）。人的各部分尺寸会随着年龄增长发生变化，儿童时期成长速度较快，成年后尺寸变化不明显，进入老年后各部分尺寸又会发生变化。一个家庭中一般会有两代或三代人，涵盖儿童、成年、老年三个年龄段。每个不同年龄段的身体尺寸、力量、活动能力、速度、视力、理解能力等都有明显的区别，这些都是设计师在设计时需要考虑的要素。

8.2.3　用户其他需求

除了人体尺寸之外，在定制家具设计过程中还需要对用户的其他需求进行考量，在合理的范围内满足用户的需求，包括用户的生活习惯、工作性质、家庭情况等。这些需求不像尺寸那样可以直接进行测量，为了确定合理的范围需要对用户的需求进行调查评价，确定各种需求的重要性和优先等级。

（1）用户需求调研

用户调研是家具设计师最常用的工作方法，是一次订单开始时需要做的基础工作。一般说来，厂家在推出系列产品时已经针对市场做了充分的用户调研，并深入

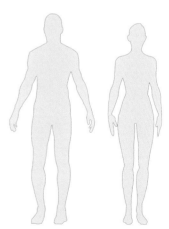

图8-7　两性体型差异

了解用户需求和市场潜力。对于定制家具的终端设计师来说，定制家具的用户调研和普通的用户调研有很大不同。普通的用户调研需要调查大量用户，然后确定一些共性问题来进行设计，而定制家具的设计师每次面对的都是新的客户，需要有针对性地进行新的调研以满足用户的个性化需求。

用户调研往往从客户进门时就开始了，客户在来到门店和设计师沟通时往往都会提出一些明确的要求。如"我就是要用实木""门板不要用白色，会发黄""我需要精致的高雅风格"等。除了他们自己设定好的条件之外，用户往往都不知道自己真正的需求在哪里，因为用户不是专家，思考的时候不一定可以面面俱到，这就需要设计师来筹划一次完整的调研。一个优秀的定制家具设计师不应该是无条件地满足用户的口头要求，而是应该研究用户的需求，并发现用户自身没有提出的需求，千万不要直接问用户"你要多大尺寸""你要什么风格""你要几个抽屉"这样让用户迷茫的问题。

调研开始时我们需要选择合适的调研对象，调研对象不同会获得完全不同的结果。一般说来，每件家具的主要使用者是最重要的调研对象，这里需要注意的地方是对主要使用者的判断。如儿童房衣柜的主要使用者是谁？看上去是儿童，实际上很多事情是由父母来完成的。尤其是低龄儿童几乎不会单独使用衣柜，但是衣柜中存储的物品却是儿童的尺寸。

（2）调研的内容和方法

家具设计用户调研的内容主要是那些对定制家具的功能、尺寸、结构、布局等有重要影响的因素，包括用户的家庭人员情况、储物情况、行为活动等（图8-8）。

调研的常用方法主要有访谈法、问卷法、观察法，通常对于终端设计师而言，口头交流和观察的方法更具实用价值。

① 访谈法：是指通过口头交谈的方式来收集用户的需求。访谈是有目的和规则的交谈，访谈内容要针对调研内容进行规划，希望通过用户的反馈获得表面上看不到的需求。

② 问卷法：是指通过发放调研问卷的形式来收集用户的需求。因为是针对单一用户进行的问卷，问卷的内容可

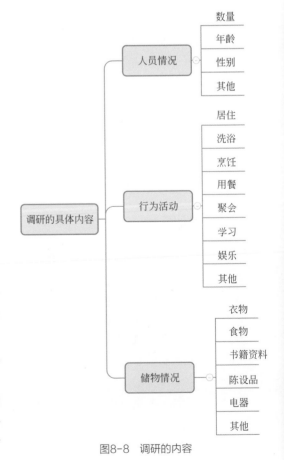

图8-8　调研的内容

以设置得比较详细具体。如家中电器的种类、数量、品牌都可以列入，使储物空间设计更有针对性。

③ 观察法：是指通过对用户的日常行为进行观察分析来收集用户需求，可以使用现场观察、监控录像等方法。用户的日常行为往往对于家具的功能和空间布局起到决定性的作用，观察法主要针对用户行为的特点、活动空间、操作习惯等进行调研，能获得用户的动态数据。

8.3 基于人体工程学的家具尺寸

家具的基本功能是为人服务，人在使用家具的过程中不可避免地要与家具有肢体接触和互动，根据人体与家具和物品的密切程度，我们可以把家具分成三种类型：人体类、准人体类和建筑类（图8-9）。

图8-9　不同类型的家具与人体关系

人体类家具：人体类家具的主要作用就是对人体提供支撑，如椅子、沙发、床等。人们在工作、生活、休息的时候，身体会和这些家具发生密切的接触。

准人体家具：准人体类家具一般是人们在工作和生活中使用的既能够起到支撑人体又可以盛放与存储物品的家具，如办公桌等。

建筑类家具：建筑类家具是指与建筑环境关系密切，主要作用为储物或操作，且不方便移动，平时和人体的交互关系不密切的家具。

8.3.1 柜类家具与人体尺寸

定制家具中最基本的类型就是柜类家具，其属于建筑类家具，我们一般会按照建筑空间来进行设计，使柜体能够充分利用空间。安装完成后的柜体一般不会轻易移动，人们和柜体间发生的交互关系主要是储物取物、开关柜门等。

柜类家具储物设计的一个基本原则是确保人们在存取物品时能够更高效，也就是说花费更少的精力完成更多的任务。首先我们了解一下人手可及的范围，主要指人在身体不动时，手能够够到的最大的空间范围。在此范围之内，人可以移动手臂来操控物品，超过这个范围就需要移动身体或者需要辅助工具（图8-10）。

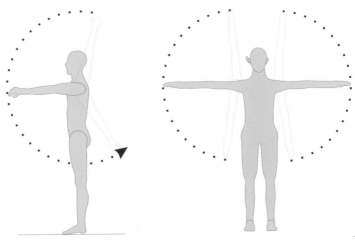

图8-10　人手操作活动的可及范围

8.3.1.1　柜类家具的高度

　　柜类家具的高度和人体的各部分高度密不可分，高个子往往可以够到高处存放的物品，而矮个子则需要辅助工具才能够拿到；低处的物品需要弯腰或者蹲下才能拿取，往往需要耗费更多的体力。因此，在进行柜类家具储物功能的设计时，需要特别注意储物的高度。

（1）储物高度与人体机能

　　将物品存放到柜子里，用的时候取出，这一过程每天都在重复。将不同的物品存储到不同的高度给物品的存取带来了便利，每种物品存储的高度都与人体的机能息息相关。

　　① 视线：视觉是人类获取信息的主要来源，人类有70%左右的日常信息获取来自眼睛。在居家生活中，人们主要通过眼睛来获取空间和物品的信息，并控制自身的活动。如果一件物品存放在眼睛看不到的地方，那么就只能通过触摸来定位，给取用过程增加了很大的难度和风险。儿童为什么经常会被柜子上的物品伤害，很大程度上是因为他们看不到柜子上面的具体情况，好奇心又比较重，所以会摔伤、砸伤等（图8-11和图8-12）。

图8-11　阻碍视线对儿童取物造成的危险

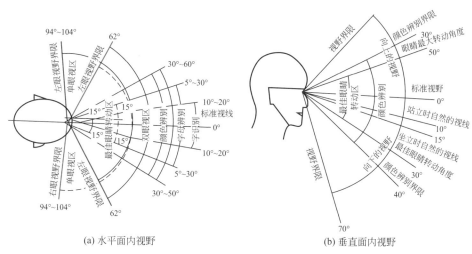

(a) 水平面内视野   (b) 垂直面内视野

图8-12 人的视野图（图片来源：《人体工程学：人·家具·室内》）

② 手的控制范围：人有一双灵活的手，在拿取物品和进行各种操作时手发挥了主要作用。人在身体静止时手的活动范围分布在身体两侧的空间，受限于手臂的长度和关节的活动角度（图8-13）。

③ 人的动作：人手的可及范围非常有限，为了弥补这一弱点人类可以通过改变自身的姿态来扩展自己的控制范围，如为了够到低处的物品人们可以走动、弯腰或者屈膝。如果高处的物品超出了人手的范围，人们可以用辅助工具，如凳子、梯子等来爬高。但是，移动身体或使用辅助工具都会耗费更多的精力，且增加一定的危险性。

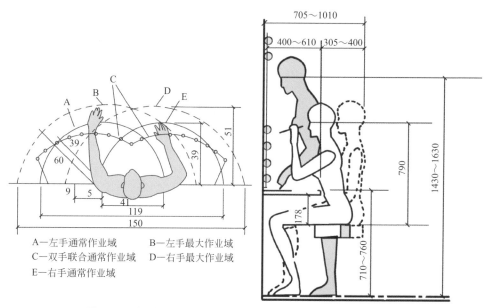

A—左手通常作业域   B—左手最大作业域
C—双手联合通常作业域   D—右手最大作业域
E—右手通常作业域

图8-13 人手作业时的控制范围（图片来源：《家具设计资料集》）

④ 人的力量：人的手臂在处于不同的位置时能够释放的力量是不同的，如手臂伸平举起哑铃和用手拎起哑铃的难度差距很大。在进行家具设计时也要考虑人的这种特性，用户在开启柜门、拉动抽屉、存取物品时都需要用力，力的大小直接影响家具使用的便利性和安全性。从人体方面看，影响用力大小的因素主要是手臂的角度，与身体的距离，施力的方向等。从家具方面看，哪些因素会影响用力的大小呢？举个例子，使用同样的门铰链时，如果门板的宽度比较大，开启的时候就会比较省力。同样的门铰链，同样的宽度，把手安装的位置会影响开门的用力大小，把手距离门铰轴线比较远就会比较省力。部件的重量也是影响用力大小的一个因素，如同样的抽屉导轨，一个宽大的抽屉会比一个小抽屉在拉出的时候更费力。

（2）衣柜的高度划分

定制衣柜是卧室中最重要的家具之一，由于占据的室内空间比例较大，它对于装修风格的形成起到至关重要的作用。衣柜的高度一般有2100mm，2400mm，也有为了充分利用室内空间将大衣柜高度做到接近或贴紧天花板的。衣柜内部空间的划分主要通过搁板和隔板来实现，搁板用来在高度上分层，也叫"层板"，隔板用来在横向上分隔，也叫"竖板"。

衣柜储物空间在高度上的划分主要取决于储物的种类特性和用户取用物品的便利程度。"便利"就是让用户用更小的力，做更小的动作，甚至不用改变姿势就可以拿到想要的物品。在进行衣柜的功能分区时，我们将常用的物品放置在更容易拿取的位置上，将不常用的物品放在更"偏远"的位置。一般来说，衣柜的最顶层用来存放不常用的物品，换季的被子、枕头之类的物品一般都放在这里。中间层用来放最常用的一些衣物、饰物、包等。悬挂衣物时一般将上衣挂在高处，裤子挂在低处，以方便取用。下层则可以用来放一些比较重的物品，如一般常用的行李箱等，或安装一些抽屉来放床单、毛巾、内衣等小件衣物（图8-14）。

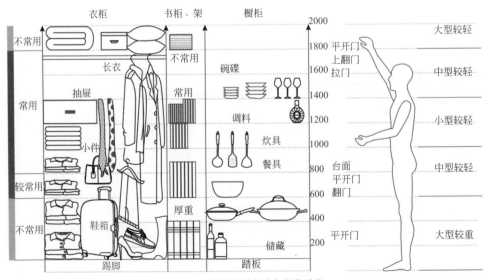

图8-14　衣柜高度划分与储物种类

（3）橱柜的高度划分

橱柜的高度主要靠搁板划分完成，搁板是放置物品的水平板件，使用搁板的目的就是将橱柜内部的空间在高度方向上充分利用，因此，搁板之间的高度间隔设置非常重要。合理的高度设置不仅能够充分利用空间，还可以使人们在取用物品时能够更加舒适便捷，同时有利于对物品进行分类整理。一般来说，搁板的高度设置取决于三个主要因素：人能够看到物品的高度（图8-15）；物品的自身高度；人手能够到物品的高度。其他影响因素包括搁板的深度、是否使用了功能五金、是否有辅助设施等。

物品的高度是指存放和取出物品需要的高度空间，如一个20cm高的玻璃罐子，存放它的空间就不能是20cm，否则会卡住，造成存取的困难。如果空间加大到30cm以上就会明显地出现浪费现象，因此，一般会留出22～25cm的高度。通用的计算方法是：层板间隔的高度＝本层拟存放最大物品高度＋活动余量。

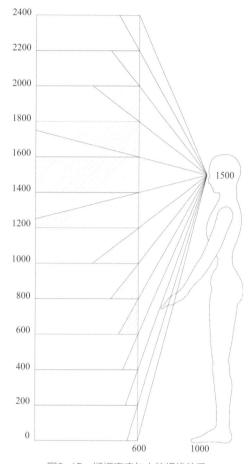

图8-15　搁板高度与人的视线关系

人能够拿到物品的高度取决于人手功能高，当然，加上一些辅助工具，如凳子、梯子、钩子之类，人就能突破自身的限制（图8-16）。所以实际计算方法是：较为方便拿取物品的搁板相对于地面的高度＝立姿人手功能高－活动余量。

8.3.1.2　柜类家具的宽度

柜类家具的整体宽度一般没有特别限制，最大范围只受到室内空间的影响。而单个柜体（尤其是柜门）一般会受到人体活动空间的限制。对于平开门来说，门扇的宽度一般在300～450mm，不常开启的话可适当加大。对于移门来说，门扇的宽度一般比平开门要宽，最宽一般不超过1200mm，超过这个宽度的话，对板材和五金件的要求较高，门扇也会非常沉重。

8.3.1.3　柜类家具的深度

柜类家具的深度取决于三个因素：空间的限制、储物的尺寸和人手可及范围。

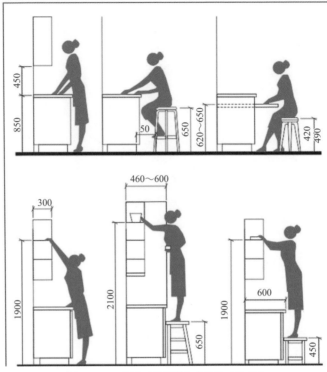

图8-16　不同高度的柜体与人的姿态和动作

　　① 衣柜：一般的净深度在450～600mm。衣柜的深度尺寸主要由人体上衣的宽度和人手可及范围决定，而上衣的宽度取决于人体的肩宽。一般的衣柜都是横向挂杆，小于450mm这个深度，衣物、鞋盒子之类的物品就不方便存储；大于600mm这个深度，人伸出手臂就很难拿到柜子深处的物品，需要将上身整个钻到柜子里，尤其是高于肩部或低于肘部的分格，就更难以触及了（图8-17）。

图8-17　不同方向的挂衣杆

如果因为室内空间的限制，衣柜柜体必须采用较小的深度，那么在挂衣服时就需要安装纵向挂杆。纵向挂杆可以充分利用衣柜的宽度，但是在使用时由于内部的衣服被外面的遮挡，需要拉出才方便地取下，因此，纵向挂杆的结构往往比较复杂，成本较高（见图8-17）。

② 书柜：一般的净深度在160～280mm。书柜的深度尺寸主要由书籍的幅面决定，常见的书籍幅面尺寸见表8-5。

表8-5　常见的书籍幅面尺寸

开本尺寸	文档、其他包装
正度（787mm×1092mm） 对开：736mm×520mm 4开：520mm×368mm 8开：368mm×260mm 16开：260mm×185mm 32开：184mm×130mm 64开：130mm×92mm	ISO A4：210mm×297mm ISO A5：148mm×210mm ISO B4：250mm×353mm ISO C4：229mm×324mm ISO B5：176mm×250mm ISO C5：162mm×229mm
大度（889mm×1194mm） 对开：570mm×840mm 4开：420mm×570mm 8开：285mm×420mm 16开：210mm×285mm 32开：203mm×140mm	CD盒143mm×125mm. DVD盒135mm×190mm.

设计定制书柜时，可根据用户的实际需求来确定尺寸，如用户是影音爱好者，收藏了很多影碟，那么就可以设计160mm的深度，以方便存取。

8.3.2　床具与人体尺寸

8.3.2.1　床的基本尺寸要求

床的几种标准尺寸。

单人床：900mm×1900mm，900mm×2000mm，1000mm×2000mm，1200mm×2000mm。

双人床：1350mm×2000mm，1500mm×2000mm，1800mm×2000mm，2000mm×2000mm。

双层床：双层床目前在家庭中主要用于儿童房，既可以使用上面的单人床尺寸，也可以组成下大上小的单双组合。

床的高度：床的高度一般是指床架加床垫后的水平高度，为了能够让人正常上下床、坐在床边，一般和座椅的高度相似（约420mm）。

床的作用是在睡眠时承载人的身体，其尺寸要满足几个基本条件：

① 床的尺寸要超过人的身体尺寸，保证可以完全承托人体；

② 床的尺寸要满足人在睡眠过程中的活动需求，留下翻身等活动的空间；

③ 床的尺寸要满足床上用品的放置要求；

④ 床的尺寸要满足人的心理安全感需要；

⑤ 双层床的高度要满足下层人坐在床上活动而不受到拘束。

8.3.2.2 "榻榻米"类型的床与尺寸

榻榻米为日语音译，意为铺满室内地面的席子，一张榻榻米的面积是$1.65m^2$，可坐可卧，综合了沙发、床、地毯等的功能，传承了中国古人席地而坐的生活方式。定制家具中的"榻榻米"并非真正的榻榻米，而是在室内建起大面积的地台，地台下面储物，地台上面可以从事各种日常活动。配合隐藏式的桌子，即使不习惯跪坐的人也可在上面就座。榻榻米一般安装在书房或者次卧，其功能类似中国北方地区使用的"炕"，其最大的优点就是充分利用室内空间，平时可以作为起居室，有客人时可作为床使用。榻榻米在小户型中的接受程度很高，近年来比较流行（图8-18）。

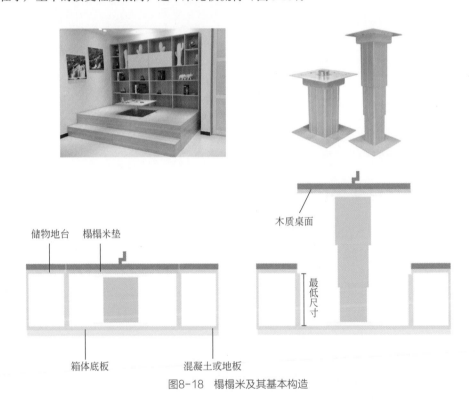

图8-18 榻榻米及其基本构造

榻榻米的尺寸基本上只受到空间的限制。榻榻米的长宽根据用户的需求和室内空间尺寸的大小来决定。如果需要作为床使用，就要满足床的基本尺寸要求。

榻榻米的高度一般为：地台式150～350mm，坐卧式350～500mm（推荐值420～500mm），如果仅仅做一个地台，那么150mm以上就可以了。为了能够安装隐藏式升降桌，榻榻米的高度一般不能低于升降桌的最低高度（大约350mm）。为了能够让人在榻榻米边缘就座时腿部比较舒适，高度一般在420mm，这也是一般座椅的高度，在计算高度时要考虑垫子的高度。

8.3.3 功能部件的人体工程学特性

8.3.3.1 柜门的尺寸和特性

柜门的作用是实现柜体的开合。储物时将柜体围合封闭起来，隔绝外部环境中的灰尘、潮气等，也可以遮挡视线，将杂乱的储物空间变得整齐；取物时将门打开留出通道供物品通过。一般来说，门的安装位置要朝向人活动的通道，以方便操作。

（1）常见柜门的开启方式

门的开启方式常见的有几种，平开门、移门、翻门、折叠门，其他还有卷门、升降门等。开启方式受到功能和空间等多方面的限制。

① 平开门：也称为"掩门"，是最常见的柜门（图8-19），平开门的侧边通过铰链连接到柜体的侧板上。平开门使用方便，工艺相对简单，但是平开门的门扇开启时要沿着铰链的轴转动，门扇会扫过一个扇形区域，这个区域内不能有物品阻挡，因此增大了空间的占用。门扇越大占用的面积越大，开启时人手需要运动的距离也就越大。而且，如果门扇的宽度太大，铰链的受力也会变大，增大了工艺难度。平开门门扇的宽度一般在400 ~ 600mm，需要大面积的门时一般采取多扇门的形式。

图8-19　平开门衣柜　　　　　　　图8-20　移门衣柜

② 移门：移门就是我们平时说的推拉门（图8-20）。移门一般安置在轨道上水平移动，考虑到门的厚度和轨道的宽度，一般都会设置2 ~ 3条导轨。随着门扇宽度的增大，重量也会增大，推动会比较费力。移门可以有效地节约柜前的空间，给人留下更多的活动空间。移门也有一些缺陷，那就是开启的面积比平开门要小，如果有两条轨道，移门开启的面积只有大约1/2，三条轨道的开启面积为2/3，轨道再多的话占用的宽度就太大了。

③ 翻门：翻门既可以上翻，也可以下翻，翻转轴水平，可以看作是把平开门旋转90°的结果。因为重量的缘故，翻门对连接件的承重要求比较高，翻门的面积一般都不大，宽度也较小。从人体工程学的角度来看，上翻门一般用在吊柜上，下翻门一般用在矮柜上，这样开启的方向都朝向人体，人手操作时比较方便（图8-21）。想象一下，如果反过来，低处上翻、高处下翻，使用的时候就会陷入窘境。

图8-21 翻门

在衣柜的设计中，现在比较流行的"榻榻米"式地柜就使用了翻门，只是它的翻门安装在水平面上，更像是盖子（图8-22）。这种翻门因为不经常开启，而且开启后五金连接件的受力方向不同，所以可以做得比较大。实际使用时对人的力量的要求会比普通的门要高一些。

④ 折叠门：折叠门可以看作是平开门的变种，一般应用在需要单个大面积开门的地方（图8-23）。折叠门可以有效地节约空间，由于开门面积大，存取大件物品非常方便。如果采用平开门，想要完全开启并取出里面的大件物品就需要占用更大的空间。如果采用双扇移门，则只能开启一半的面积。

图8-22 平面翻门　　　　　　　　　　　　图8-23 折叠门

（2）柜门的封闭与通透

柜门可以通过安装玻璃、亚克力等透明材料来实现通透的效果（图8-24）。普通的门板都是封闭的，可以遮挡住杂乱的物品，但是如果内部是需要展示的物品，如美酒、奖杯、名牌包等就不同了。安装透明的门板既可以保持内部的清洁，又可以有很好的视觉效果。

目前，很多定制家具企业都推出了透明的门板，柜体内部配有辅助灯光和精美的整理箱等，有很好的展示效果。但是对于内部储物比较杂且需要频繁取用的场景，就不建议采用。

除此之外，透明柜门存在反光问题，可能会导致刺眼的眩光，需要在布置灯光时予以考虑。

图8-24　透明的衣柜门

8.3.3.2　家具的照明装置

家具照明包括室内空间的照明和柜子内部的照明，室内空间的照明主要是为了照亮整个空间，柜子内部的照明则是专门为了方便人们取用物品或者营造气氛，起到很强的装饰效果。柜子的内部通常是封闭的空间，即使开启柜门依然会受到人体、物品、层板的遮挡而导致内部照度很差，给取用物品造成一定的困难。尤其是对于老年人或视力低下的人群，常常难以辨识柜内的物品，或因看不清而碰撞到柜体等。因此，可以在柜体中适当增加一些照明，既可以满足照度的需求，同时又具有一定美化效果。

（1）常见柜体灯具类型

柜子上的灯具（图8-25），传统的室内装修过程中往往会在柜门前的天花板上增加射灯，现在为了装饰性、安全性和实用性一般会选择发热量很小的LED灯。

衣柜灯的安装位置一般在层板下面靠近柜门的地方，或采用LED挂衣杆灯（图8-26），安装在外面的灯光容易被人体遮挡产生阴影。

嵌入式的灯具更加的美观，装饰性好。一般嵌装在层板或竖板中（图8-27）。

图8-25　柜门上方照明

图8-26　层板下方照明

图8-27　嵌入灯具照明

陈列柜一般在层板中嵌入LED灯，位置可以靠近背板，达到突显陈列品的目的。玻璃层板因为具有透光性，灯光一般安装在玻璃侧边，让光线从玻璃中穿过后从边缘散射出来，形成很好的装饰效果（图8-28）。

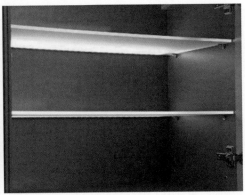

图8-28　陈列柜照明

人在橱柜前操作时，身体一般会背向房间的照明造成阴影。橱柜灯一般安装在吊柜底板下面（图8-29）用来照亮台面，或安装在吊柜顶板下面用来照亮柜体内部。灶具上方的照明一般通过油烟机上的照明灯来实现，如果对光线强度有要求可以在两侧吊柜底板上增加照明。

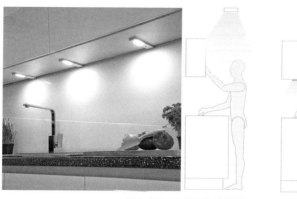

图8-29　方便操作的照明

（2）柜内照明的设计原则

① 柜子内部的易燃物很多，柜体也是易燃物，一旦出现电气火灾后果非常严重。因此，容易发热的部件不能封闭到柜子内部，必须选择低发热的冷光源。

② 柜子内部空间狭小，储物容易遮挡光线，应尽量选择条状照明，多面、多角度覆盖更大的空间。灯具的造型应避免尖锐的角和边，防止撞伤、划伤。

③ 柜子内部照明的亮度要能满足人们操作时看清物品和内部结构的需求。透明门板或无门板柜体的装饰性照明的亮度不能太高，防止对整个空间的照明造成影响。

④ 灯具安装的位置应避免光线直接照射入眼，防止眩光刺激。光源应具有适当的显色性，如衣物照明的灯光要能够正确地反映物品的色彩，也有利于保护眼睛和人们的心理健康；营造氛围的灯光则不要求高显色性。

8.3.3.3　工作台面

（1）不同作业与工作台面高度

定制家具中常见的台面包括厨房、吧台的台面，书桌、餐桌的桌面等，其中应用最多的是厨房的工作台面。台面的高度取决于人的尺寸、姿态、物品的特性和在台面上进行的作业的类型特点（图8-30）。厨房的台面一般用来切菜、加工面点、清洗、炒菜等，吧台、餐桌面一般用来放置实物，书桌用来书写和摆放办公用品，化妆台用来放置化妆用品，浴室柜台用来洗漱和放置洗漱用品等。

人体工程学上把这些复杂的操作分为几个类型（表8-6）。

精密作业：从事精密作业需要台面的高度高一些，距离人眼更近，以便观察，如书写、绘图等工作都需要比较靠近。

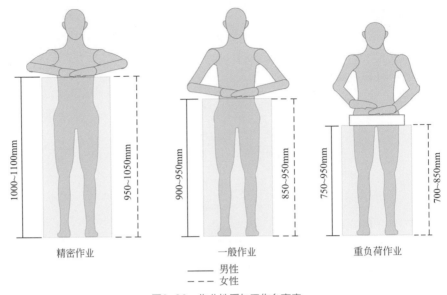

图8-30　作业性质与工作台高度

一般作业：一般作业需要台面的高度在人的手肘附近，便于人手的活动，如吃饭、喝茶等。

重负荷作业：重负荷作业需要人体用力，因此台面会稍微矮一些，以便作业时可以用上身体的力量。家庭中的重负荷作业一般都出现在厨房里，切菜、揉面、擀面等操作需要向下用力。

表8-6　不同作业类型与台面高度　　　　　　　　　　　　　　　　　　　单位：mm

作业类型	立姿		坐姿（因椅子变化）	
	男	女	男	女
精密作业	98~108	93~103	95~105	89~95
一般作业	88~93	83~88	74~78	70~75
重负荷作业	73~88	63~88	69~72	66~70

（2）橱柜台面的高差设计

厨房是一个正常家庭中家务作业最多的地方，橱柜也是对功能性要求最强的定制家具。目前的定制橱柜一般都采用统一的台面高度和吊柜高度，看上去非常整齐美观，但是从人体工程学的角度来说，不同的任务采用同样的高度是一种糟糕的设计（图8-31）。

从人体的角度来看，每个人的身高、臂长都有很大差距，千篇一律的橱柜尺寸必然难以适应用户的需求。从作业角度来看，橱柜台面的每个部分都承担着不同的任务，洗菜、切菜、炒菜的部位都是一样的高度显然是不合适的。橱柜的使用者大多是家庭中的女性，甚至是老年人，需要根据他们的尺寸和能力来调整橱柜的尺寸。

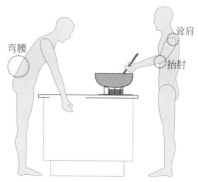

图8-31 统一高度造成的不适

图8-32 厨房台面的高差设计

设计师在设计台面的高度时可以采用分区设计方法,将不同的功能区域设计成不同的高度(图8-32)。

① 切菜、擀面等操作需要向下用力,应该降低橱柜和台面的高度,吊柜的高度要保证不撞头。

② 洗菜区域因为水槽有向下的深度,可以适当升高台面。台面高度以操作者在站立状态,斜向前方伸直双手时能够触摸到水槽底部为宜。

③ 炉灶区域因为有炉灶和炊具的高度,加上使用者一般用锅铲、勺子等炊具进行操作,客观上延长了手臂的功能,所以要适当降低台面,使得使用者在操作时尽量保持上臂比较自然的状态,避免或者减少耸肩、抬肩、抬肘、弯腰低头等动作出现的频率。

④ 吧台因为要同时满足站立和坐姿的需要,一般设计高度较高,配合高脚座椅使用。

8.3.3.4 抽屉

抽屉是储物类家具中最常见的功能单元。抽屉的作用是把原先在柜体深度方向上开放的空间转换为高度上开放的空间,提高空间的利用率和易用程度。如果柜体比较深,那么深处的空间就很难利用,人的手臂很难伸进去,视线也很难达到。有了抽屉这个问题就迎刃而解了,把抽屉抽出来就可以从上方看清整个空间,使物品很方便存取(图8-33)。

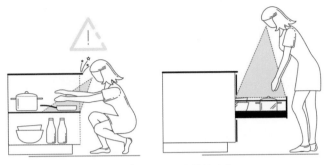

图8-33 抽屉的方向转换功能

抽屉的安装高度一般以人的手肘高度为上限，如超过了手肘，人在从抽屉中取物时就变得困难，如果超过了人的眼高，抽屉内的物品就完全看不到了，需要使用脚踏。

抽屉导轨一般要选用带有阻尼的类型，避免在快速关闭时夹伤人手，尤其是有小孩子的家庭。

8.3.3.5 踢脚板

传统橱柜底部的踢脚板从人体工程学角度来说有两个作用。

① 防护作用。橱柜底部靠近地面，如果有物品掉落进去，需要趴到地上借助工具才能取出。安装踢脚板可以有效阻挡脏东西进入，还可以防潮防水，提高橱柜使用寿命。

② 预留脚尖活动空间作用。人在使用柜子时一般都是站立在柜子前面操作，对于大衣柜这样类型的柜子踢脚板的作用不是很明显，因为人可以自由地移动。对于橱柜就比较明显，因为人的身体要倚靠着地柜和台面的边缘，这时候脚尖会伸到柜子下面，如果没有后退的踢脚板，脚尖就会和柜体发生冲撞（图8-34）。一般说来，踢脚板向后缩50～80mm即可，高度为80～150mm。

为了进一步节省空间，可以在踢脚板部位安装特殊的抽屉，将一些尺寸扁平或不常用的物品放在内部。如菜板、小型梯子、工具箱等（图8-35）。

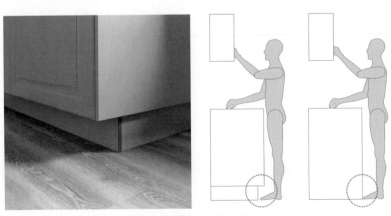

图8-34 橱柜底部的踢脚板

图8-35　踢脚板位置安装的抽屉

　　很多新的橱柜设计中去除了踢脚板，甚至去除了柜脚，直接将橱柜安装到墙体上。使得在厨房清洁的过程中，拖把、扫地机器人等清洁工具可以深入到橱柜底部的空间。扫地机器人一般高度在100mm以下，可以直接使用。人工清洁则可以将橱柜底板升高50mm左右，方便拖把进入。

　　国外有一种新的做法是在踢脚板部位安装脚踏，可以供儿童站立洗漱，或者个子矮的用户操作吊柜（见图8-36）。这时可以将踢脚板的高度适当提高至150～200mm。

图8-36　踢脚板位置安装的脚踏

8.3.3.6　门把手的高度和类型

　　门把手的高度取决于人手功能高、门的类型和把手的类型。一般说来，我们在安装把手时要遵循以下几个原则。

　　① 把手的安装位置要让人手在操作时尽量更加方便、省力。

　　② 抽屉和柜门的把手要安装在人手可以掌控的范围。这里需要注意的是，在开门和关门的时候都要落在人手的最大可及范围之内，否则会出现开门之后够不到把手的尴尬场面。

③ 抽屉拉手一般安装在中间位置，需要安装隐藏式拉手或侧边的拉手时，一般安装在抽屉面板的上部。如果安装在侧面会导致受力不均匀，拉动抽屉比较费力；如安装在下面，拉开抽屉后手要移动到上面去取物，增大了距离，多了一个动作。

④ 把手安装位置要尽量靠近门扇开启的侧边，可以减轻开门的力量。

图8-37中显示了人手处于不同位置时手臂用力的大小和方便程度。可以看出手臂在70°左右时能够施力最大，也就是说手臂自然地放在胸前时，人们进行各种操作比较舒适。门把手的功能部分如果安装在这个范围，就会比较实用又舒适。

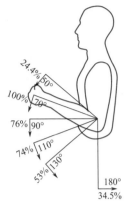

图8-37 立姿弯臂时手臂操纵力分布（力/体重%）

门把手的造型比较丰富，如球形、长条形、绳索形等，配合不同尺寸的家具。而人在操作时真正接触到的部分就是功能部分，其他部分基本上只起到装饰作用。从人体工程学的角度来看长条形把手是比较好的把手，因为它在安装后可以覆盖比较大的区域，不同身高的人都可以使用。如果家中的使用者身高差距不大，可以安装短小的把手，差距较大则可以安装长条形把手。

除此之外，选择把手还要注意人手的尺寸和开门的力度。人手的尺寸差距很大，不同年龄、性别的差异更大。一般把手的大小需要让使用者能够舒适地握持，太细小的把手和太粗大的把手都会造成不便。

把手的握持部分一般选择热舒适性较好的材料，如塑料、木质、皮质，金属把手较为冰冷，舒适感较差。把手与人手的接触面一般要求为较平滑的曲面，避免出现棱角。

从把手的形状上来说，可以把手指扣进去的拉手比较方便用力，而只能捏住的把手就比较不方便用力，在比较窄小，铰链力量比较大的门板和比较重的抽屉上使用只能捏住的把手就会影响舒适性（见图8-38）。

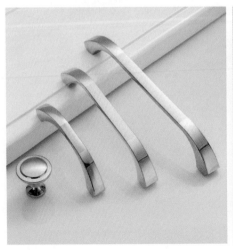

图8-38 不同材质和形状的把手

8.3.3.7　功能五金件的作用

高处的物品够不到，装一个可升降装置；地柜深处看不见摸不着，装一个可以抽拉的托盘；手里东西太多不方便开门，反弹装置轻松解决。功能五金的主要目的就是为了弥补柜子的结构在人体工程学上的不足。

（1）挂衣杆

普通挂衣杆一般是安装后就不轻易调整的，一般安装高度距离顶板40～60mm，尺寸过小会导致挂衣架的挂钩被卡住，过大会浪费空间。实际设计时，应该考虑家庭成员的实际需求，适当调整挂衣杆和柜子层板的高度，使矮个子

图8-39　可升降挂衣杆

的使用者可以够得到。除了固定的挂衣杆，还可以安装可升降的挂衣杆，如图8-39所示，挂衣杆中间带有拉杆，可以将挂衣杆拉低，支撑杆上还可安装气压装置，以提供助力。

（2）转角拉篮

柜子的转角部分往往很难利用，虽然空间不小，但是由于两面柜体的结构原因，用户想要存取物品时非常困难。由于视线受阻，用户需要将身体深入到柜体内部才能看到物品，手臂要弯曲进入。如果是橱柜的转角则需要蹲下，或者趴在地上才能够拿到物品。转角拉篮就能成功地将转角内部的空间利用起来，方便使用（见图8-40）。

图8-40　橱柜的转角拉篮

（3）吊柜升降配件

高处的柜子在没有脚踏的情况下人手很难正常取物，而如果经常需要登高的话，脚踏就没有那么安全和方便了。安装吊柜升降配件就可以方便快捷地利用吊柜空间（见图8-41）。

图8-41 衣柜和橱柜的吊柜升降配件

8.4 基于人体工程学的空间布局

住宅空间需要根据用户的需求进行分隔利用，赋予其不同的功能，而家具是构成、分隔和组合空间的重要工具。在布置家具组织空间时，最重要的是根据功能需求给人类的活动留下足够的空间，充分满足人的生理和心理需要。

定制家具设计中最具功能性的是厨房中橱柜的布局，其他空间中的衣柜、书柜等的布局相对较为简单，尤其是在建筑空间分隔中已经将卧室等空间限制得比较固定的情况下。

8.4.1 厨房的布局

厨房是功能性很强的室内空间，厨房的布局除了考虑人的尺寸等因素，还要考虑效率问题。厨房内的行为主要围绕"制作食物"这一主题展开。食物制作过程中需要存储、清洗、料理、烹饪、装盘、清理、洗涤等一系列环节，根据各个环节使用的工具和设施可以将厨房内的空间进行分类。其中冰箱（储藏区）、水池（清理加工）和灶台（烹饪）构成了必需的三个位置，它们之间形成的动线可以连成一个三角形，被称为"厨房三角"（图8-42）。理想的状态是这个三角形的三边之和不要超过6m，否则人在厨房里走动的距离就会增大，造成体力的浪费。

橱柜是组织和分隔厨房空间，形成厨房布局的基本要素，除了满足储物和人的使用要求外，橱柜形成的空间还要满足人的活动需求。一般说来，橱柜的周边需要保留1200mm以上的空间供人活动，如果平时在厨房中操作的人只有一个，且在通道中穿行的次数较少，而房间的尺寸又比较有限则可以降低通道宽度到900mm。过小的通道宽度会导致人在蹲下取物的时候触碰到柜体，也会影响视线，过大的通道宽度会增加操作时移动的距离。

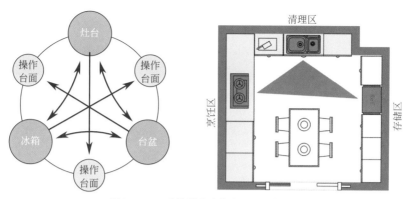

图8-42　厨房的基本功能分区和厨房三角

橱柜的布局一般会根据建筑空间来分布，常见的布局包括一字型、L型、U型等，很多大户型会采用比较开敞的岛型布局（见图8-43）。

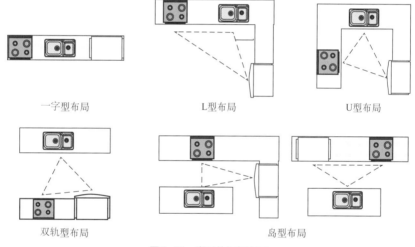

一字型布局　　　　　　　L型布局　　　　　　　　U型布局

双轨型布局　　　　　　　　　　　　岛型布局

图8-43　常见的橱柜布局

一字型的布局适用于空间比较紧张的厨房，将三角形简化为一条边，看上去整齐美观。

L型布局对于墙角等比较不规则的空间也能有效地遮蔽或者利用，配合岛式清洗台可以提供更大的操作空间，视觉效果也十分大气。配合吧台或餐桌可以实现厨房和用餐区的整合。

U型布局适合比较大的厨房空间，配合地柜和吊柜可以提供更加丰富的储物空间，也可以安装更多的厨房装备。

双轨型布局要求中间有足够宽的通道，在没有增加通道面积的情况下，两边都可以进行储物和操作，提升了空间利用率，很多专业厨房也会采用这种布局。

8.4.2 衣帽间的布局

随着住房条件的改善，很多家庭中开始规划专门的衣帽间，步入式衣帽间的整体尺寸没有特别的要求，可以满足储物、通行和室内活动的需要就可以了。

衣帽间中的柜体尺寸也比普通衣柜的尺寸设计要灵活。普通的衣柜往往需要用一个衣柜同时存储多种不同类型、不同尺寸的衣物，而衣帽间，尤其是面积大的衣帽间，可以根据不同的衣物类型和尺寸定制不同尺寸的柜子，分门别类地存储。

衣帽间的通道要满足用户存取衣物、试穿衣物的要求。存取衣物时一般可以保留800mm，需要试穿时可以适当增加通道宽度；如果房间的尺寸比较大，在墙边安装柜体后能保证周边通道可以达到800mm，则可以在中间设置地柜，用来放置鞋袜、领带、内衣、箱包等，或者可以安放换鞋凳（图8-44）。

图8-44　通道宽度不同的衣帽间

8.4.3 卧室的布局

卧室中的定制家具曾经以大衣柜为主体，在整屋定制的趋势下，床、梳妆台、矮柜、飘窗等都成为定制的部分。

卧室的布局一般比较简单，尤其是目前购买的商品住宅，基本上把空间限制得比较紧，难以有较大的改变。卧室的核心区是床，床和配套的床头柜、床尾凳等构成一个整体，它的位置确定以后，其他的家具就在它的周边配置（图8-45）。留给人的活动空间主要是通道的距离。

一般说来，单人能够舒适通行的通道宽度为600mm以上，小于这个尺寸也可以通行，但需要侧身，影响舒适性。两个人能够舒适通行的宽度为900～1200mm。而在卧室中除了通行之外还要做操作柜门、拉开抽屉、清洁打扫等活动，人需要做蹲下、移动、转身等动作，这就需要适当增加通道的宽度。考虑到卧室中的空间限制，一般可以采用800mm的宽度，也就是说床边到空墙的距离为600mm，床边到柜门的距离为800mm，房间大的情况下可以适当增加。

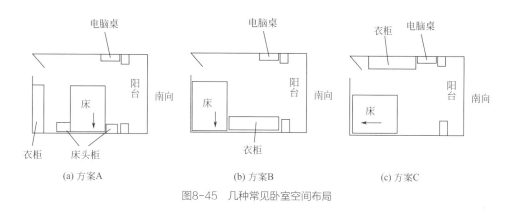

(a) 方案A   (b) 方案B   (c) 方案C

图8-45　几种常见卧室空间布局

参考文献

［1］郭琼，宋杰，等.定制家具：设计·制造·营销［M］.北京：化学工业出版社，2017.

［2］余肖红.室内与家具人体工程学［M］.北京：中国轻工业出版社，2018.

［3］杨慧全，郭琼，郑璀颖.家具设计手绘表现［M］.北京：化学工业出版社，2016.

［4］许柏鸣，方海.家具设计资料集［M］.北京：中国建筑工业出版社，2014.

［5］申黎明.人体工程学：人·家具·室内［M］.北京：中国林业出版社，2010.

［6］陈祖建.家具设计常用资料集［M］.北京：化学工业出版社，2010.

［7］杨珊.家装业定制家具设计模式研究［D］.湖南：中南林业科技大学，2011.

［8］张旭.家装业定制家具设计中的问题与对策研究［D］.湖南：中南林业科技大学，2011.

［9］杨东芳.面向大规模定制家具消费者需求的获取与响应［D］.南京：南京林业大学，2016.

［10］刘小旭.木材与其它材质混搭在家具设计中的应用研究［D］.南京：南京林业大学，2016.

［11］韩雨彤.表面处理改善人造板装饰原纸印刷性能的研究［D］.天津：天津科技大学，2014.

［12］郭明珠.城市住宅收纳空间设计研究［D］.天津：天津大学，2016.

［13］季振中.定制家居产业链的协同发展［J］.环渤海经济瞭望，2019(01):60-61.

［14］熊先青，吴智慧.家居产业智能制造的现状与发展趋势［J］.林业工程学报，2018，3(06):11-18.

［15］本刊编辑部.家居定制分析与发展［J］.中国林业产业，2019(Z1):85-88.

［16］潘莉.板式定制家具设计的效率研究［J］.包装工程，2010，31(12):19-21.

［17］邵佳，黄玲玲，徐立庆.定制家具在门店设计中要注意的问题［J］.家具，2010(04):90-92.

［18］罗东.维尚：个性定制如何量产［J］.中国民营科技与经济，2009(05):65-69.

［19］索菲亚.定制家具设计的潮流与趋势［J］.中国人造板，2017，24(03):33-35.

［20］张超，冼迪研.新中式家具大规模定制设计与技术体系研究［J］.家具与室内装饰，2019（02）：28-29.

［21］汪杉，彭娟.整体定制家具产品设计初探［J］.家具与室内装饰，2016(07):50-51.

［22］刘雨露，陈于书.从主流收纳道具探索实用收纳设计理念［J］.家具，2019，40(02):66-70.

［23］周燕珉，林婧怡.我国城市住宅厨房的演进历程与未来发展趋势［J］.装饰，2010(11):20-25.

［24］张倩.生态设计在厨房设计中的应用研究——以生态中岛厨房设计为例［J］.设计，2015(11):134-135.

［25］张赟伟.浅谈住宅中厨房的人性化设计［J］.大众文艺，2011(13):95.

［26］刘瑞诺，田卫国，丁武斌. 我国印刷装饰纸发展现状［J］. 中国人造板，2011，18(01):4-5，9.

［27］张勤丽. 装饰纸在人造板表面装饰中的应用［J］. 中国人造板，2006(11):1-4，28.

［28］张恩慧，范芯芯，马岩，许洪刚，周玉成. 激光封边系统结构及工艺［J］. 包装工程，2017，38(15):116-120.

［29］陈非. 为家具设计带来更多创意空间——Blum百隆铰链家族三款新品2019正式在中国市场开售［J］. 家具与室内装饰，2019(02):48-51.

［30］关惠元. 现代家具结构讲座 第四讲:板式家具结构——五金连接件及应用［J］. 家具，2007(04):53-62.

［31］孙德林. 板式家具的接合与装配技术［J］. 林产工业，2004(04):44-46.

［32］郭航. 定制家具受热捧设计人才缺失成行业之殇［N］. 中华建筑报，2014-01-24(011).

［33］中华人民共和国国家质量监督检验检疫总局. 消费品售后服务方法与要求：GB/T 18760—2002［S］. 北京：中国标准出版社，2002.

［34］中华人民共和国国家质量监督检验检疫总局. 室内装饰装修材料 人造板及其制品中甲醛释放限量:GB 18580—2017［S］. 北京：中国标准出版社，2017.

［35］工业和信息化部. 家具用封边条技术要求：QB/T 4463—2013［S］. 北京：中国标准出版社，2013.

［36］商务部. 整体橱柜售后服务规范：SB/T 11013—2013［S］. 北京：中国标准出版社，2013.

［37］中华人民共和国商务部. 家具售后服务规范：SB/T 10990—2013［S］. 北京：中国标准出版社，2013.

［38］上海市建筑材料行业协会. 定制家居产品安装服务标准：T/SBMIA004—2018［S］. 北京：中国标准出版社，2018.

［39］中华全国工商业联合会家具装饰业商会. 全屋定制家居产品：JZ/T 1—2015［S］. 北京：中国标准出版社，2015.

［40］刘雨露，陈于书. 从主流收纳道具探索实用收纳设计理念［J］. 家具，2019，40(02):66-70.

［41］余肖红. 室内与家具人体工程学［M］. 北京：中国轻工业出版社，2018：174.

［42］周燕珉，林婧怡. 我国城市住宅厨房的演进历程与未来发展趋势［J］. 装饰，2010(11):20-25.

［43］张倩. 生态设计在厨房设计中的应用研究——以生态中岛厨房设计为例［J］. 设计，2015(11):134-135.

［44］张赟伟. 浅谈住宅中厨房的人性化设计［J］. 大众文艺，2011(13):95.

后记

　　在本书完成之际，对帮助过我们的所有亲人、朋友、学生表示诚挚的谢意！

　　感谢广东省定制家居协会的张挺会长、曾勇秘书长和百隆家具配件（上海）有限公司广州分公司的李志强经理，您们的共鸣与资助才有了本书的发端。

　　感谢本书的顾问团成员：杨文嘉先生、胡景初先生、王清文先生、张挺先生、吴智慧先生、戴旭杰先生、刘晓红女士、李志强先生和曾勇先生，您们给了本书重要的指导和方向。

　　感谢编写团队的所有成员：我的同事宋杰和欧荣贤先生，我的学生张婷婷、林秋丽、张丹翔、陈映芬、李湘华、郑逸豪等，你们是编写本书的核心力量。尤其是睿智且博学的宋杰博士，曾与我联手编写多本著作，是我的重要合作伙伴和信心保障。

　　感谢来自产业界的各位朋友、师弟、师妹和学生们：梁文豪、佃广升、成玲、周新伟、李媛、谢燕婷、罗文盛、肖格、张博、闫凤博、于珏、郭子豪、孙理超、蔡颜璟、曾会婷、王楚君、郑莎莎、黄锦超、崔高震、王楚君、万涛、吴淑婷等，您们是本书很多重要信息的提供者、践行者，给了本书很多实质性的帮助。

　　感谢我的研究生：林秋丽、张丹翔、陈映芬、陈胜、谢绍畅、吕炜亮、胡若曦等，在编写过程中各个环节的协助。

　　感谢为本书提供资料的所有支持单位（详见鸣谢单位名单），有了你们，本书才更具务实精神，真正地理论结合实际。

　　最后，感谢养育我爱护我的父母亲人们，感谢一直支持我的同事们，感谢一直热爱我的学生们，您们是我不断进步的动力。

郭琼

2020年1月于羊城